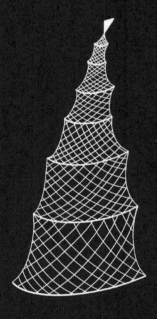

**감수 천년수**

경북대학교에서 물리교육 전공 석사학위를 받았다. 상주여고, 경북과학고 등에서 중등물리교사로 15년간 재직하였으며 현재 경주여고에서 근무하고 있다. 경상북도교육청 과학영재교육원 'AI과학중등과정' 지도교사 및 중등 과학수업 전문가 되기 직무연수 등 영재·교사 대상 연수의 강사로도 활동 중이다. 또한 다수의 전국 단위 과학대회 학생 지도 경험을 바탕으로 경상북도 과학전람회, 학생발명품경진대회 등 각종 대회 심사위원 및 전국과학전람회, 전국학생발명품경진대회 참가 학생을 대상으로한 컨설턴트 활동을 하며 학교 안팎에서 과학교육에 힘쓰고 있다.

"물리는 상식이다"라는 말을 모토(motto)로 학생들에게 물리학의 즐거움에 대해 가르치고 있다.

THE LAWS OF PHYSICS IN EVERYDAY LIFE

Written by Yuri Virovets Illustrated by Liza Kazinskaya
Пешком в историю ® (A Walk Through History Publishing House ®)
© ИП Каширская Е.В., 2022 (© Sole Trader Ekaterina Kashirskaya, 2022)
Korean translation rights © [2024] Davinci House Co., Ltd
Korean translation rights are arranged with Librorus Sàrl through LENA AGENCY, Seoul

# 세상을 움직이는 놀라운 물리학

# 세상을 움직이는 놀라운 물리학

**펴낸날** 2024년 4월 20일 1판 1쇄

**지은이** 유리 비로베츠
**옮긴이** 김민경
**그린이** 리사 카진스카야
**감수자** 천년수
**펴낸이** 김영선
**편집주간** 이교숙
**책임교정** 나지원
**교정·교열** 정아영, 이라야, 남은영
**경영지원** 최은정
**디자인** 박유진·현애정
**마케팅** 신용천

**발행처** (주)다빈치하우스-미디어숲
**주소** 경기도 고양시 덕양구 청초로66 덕은리버워크 B동 2007호~2009호
**전화** (02) 323-7234
**팩스** (02) 323-0253
**홈페이지** www.mfbook.co.kr
**출판등록번호** 제 2-2767호

**값 17,800원**
**ISBN** 979-11-5874-217-1(03420)

(주)다빈치하우스와 함께 새로운 문화를 선도할 참신한 원고를 기다립니다.
이메일 dhhard@naver.com (원고 및 기획서 투고)

# 세상을 움직이는
# 놀라운 물리학

유리 비로베츠 지음 · 리사 카진스카야 그림

김민경 옮김 · 천년수 감수

**미디어숲**

# 시작하며

이 책은 물리학 교과서가 아니다. 이 책에는 엄밀한 정의라든지 공식이나 복잡한 계산식도 없다. 명확한 순서도 없기 때문에 첫 장부터 읽을 필요 없이 아무 장이나 골라 읽어도 상관없다.

일반적으로 고등학교에서 물리학을 배우고 나면 머릿속에 남는 것이라곤 단편적인 물리 법칙과 공식들뿐이다. 학교에서 배운 물리학이라고 하면, 그저 문제를 풀어내느라 머리를 쥐어짜야 하는 복잡한 과목이면서 현실과는 동떨어진 추상적인 내용으로 여겨지곤 한다. 그리고 우리 주변에 일상적으로 나타나는 현상이 왜 그렇게 되는지, 그 배후에 어떠한 물리학 법칙이 작용하는지 관찰하고 생각해 보는 사람은 그리 흔치 않다.

직접 눈으로 볼 수 있는 실험은 그나마 좀 더 기억하기 쉬운 편인데, 다들 학교에서 실험해 본 경험이 있을 것이다. 그리고 실험을 통해 알게 된 원리를 확장시켜 다음과 같은 궁금증도 해소해볼 수 있을 것이다. 전자레인지로 음식을 데울 때 왜 플라스틱 용기는 내용물만큼 뜨겁지 않을까? 엄청난 무게의 기차가 지나가는 다리는 왜 끄떡없을까? 전류는 전선 속 어디에 숨어있는 것일까? 기차가 다가올 때 선로 근처에 서 있으면 왜 위험하며, 이 사실이 비행기의 원리와는 어떠한 연관이 있을까?

이 책을 통해 독자들이 깨달음의 순간을 체험하기를 바라며, 물리학이 단지 하얀 가운을 입은 근엄한 과학자들의 전유물만은 아니라는 사실을 적어도 한 번쯤은 느껴보았으면 한다. 물리학은 우리가 살아가는 매 순간 우리 주변에 존재한다. 우리는 물리학 법칙이 지배하는 세상에 살고 있으며, 이를 피할 도리는 없다. 우리는 물리학을 활용할 수도, 배워나갈 수도, 그리고 그 경이로움을 찬양할 수도 있다. 이 책을 읽는 독자 가운데 책에서 잘못된 내용을 발견하거나 도저히 내용을 이해할 수가 없어서 직접 물리학 교과서를 펼쳐본다든지, 더 복잡한 물리학 전공 서적을 찾아본다든지, 인터넷에서 인기 있는 물리학 강의를 수강하게 된다면, 이는 과학도로서 더할 나위 없이 기쁜 일일 것이다.

저자 유리 비로베츠

# 차례

**시작하며** .......... **8**

만유인력의 법칙 : 남들보다 더 멀리 침을 뱉는 법 .......... **12**

엘리베이터에서의 다이어트, 소파 위의 무중력 .......... **20**

엘리베이터 : 공간의 뒤틀림과 상대성 이론 .......... **26**

마찰력 : 바퀴가 뿜어내는 불꽃과 마법의 스케이트 .......... **31**

아르키메데스의 원리와 풍선 .......... **37**

아보가드로의 법칙 : 기체의 질량은 어떻게 측정할까? .......... **44**

베르누이의 법칙 : 비행기는 어떻게 하늘을 날까? .......... **53**

불변의 기체, 하지만 얼음은 예외다! .......... **58**

회전 운동 : 대걸레질 속 지렛대 원리 .......... **63**

파스칼의 법칙 : 코끼리를 들어 올리는 법 .......... **68**

열역학 법칙과 더러운 양말 .......... **75**

정역학 : 어떻게 지어야 무너지지 않을까? .......... **84**

쿨롱의 법칙 : 번개를 피하는 방법 .......... **90**

옴의 법칙 : 왜 콘센트에 손가락을 집어넣으면 안 될까? .......... **97**

직류냐 교류냐, 그것이 문제로다 ........... **104**

전기와 자기는 쌍둥이 형제다 ........... **112**

전류는 어떤 일을 할 수 있을까? ........... **121**

전자기 복사 : 벽난로부터 원자폭탄까지 ........... **130**

표면 장력 : 어떻게 마지막 한 방울까지 따라낼 수 있을까? ........... **139**

파란 하늘과 노란 태양 : 빛이란 무엇인가? ........... **147**

광학 : 빛을 구부리는 법 ........... **154**

도플러 효과 : 구급차와 팽창하는 우주 ........... **165**

자기장 : 우리는 어떻게 태양을 견딜 수 있을까? ........... **172**

주머니 속의 상대성 이론 ........... **180**

양자 물리학 : 만능 레이저 ........... **186**

반도체 : 숫자는 어디에 살고 있을까? ........... **196**


마치며 ........... **205**

## 만유인력의 법칙 :
## 남들보다 더 멀리 침을 뱉는 법

컵을 들고 있던 손을 놓으면 컵이 바닥으로 떨어져 십중팔구 깨진다는 사실을 모르는 사람은 없다. 그런데 여기서 놀라운 점은 달이 바로 이 컵과 같은 방식으로 움직인다는 사실이다. 달은 끝없이 지구를 향해 낙하한다(다만 끝없이 빗나가 버릴 뿐이다). 아이작 뉴턴은 이런 현상이 발생하는 이유를 추측했다.

**아이작 뉴턴(Isaac Newton, 1642~1727)**
영국의 물리학자로 인류 역사상 가장 위대한 과학자 중 한 사람으로 꼽힌다. 수학 및 물리학 분야에 뉴턴이 기여한 바는 엄청나다. 뉴턴은 신학에 관한 책을 쓰면서 성경 내용을 토대로 세상의 종말이 언제 오는지 계산해보기도 했다 (2060년 이전은 아니라고 한다). 게다가 영국 조폐국의 관리자로도 일했다. 전반적으로 인간이 아니라 괴물이다.

뉴턴은 물체 사이의 상호 작용을 단 하나의 법칙으로 정리했다. 즉, 모든 물체는 질량에 비례하고 거리의 제곱에 반비례하는 힘에 의해 서로에게 이끌린다.

말하자면 무거운 물체는 가벼운 물체보다 서로 더욱 강하게 이끌리는데, 이보다 더 중요한 사실은 거리가 가까워질수록 더욱 강하게 이끌린다는 점이다. '만유인력의 법칙'이라고 불리는 이 현상은 자연의 근본적인 상호 작용 가운데 하나인 중력을 설명한다.

거대한 가스구름이 중력의 영향으로 압축되면 온도가 상승하고, 밀도와 온도가 특정 수준까지 도달하면 내부에서 핵반응이 시작되는데, 이러한 과정으로 별이 탄생한다. 핵반응에 필요한 연료인 수소가 고갈되고 나면 중력의 영향으로 별의 구성물질은 계속해서 압축되고 결국 온 우주에서 가장 신비로운 공간, 바로 블랙홀이 탄생한다. 중력 때문에 우리의 태양계와 같은 행성계가 뿔뿔이 흩어지지 않고 유지된다. 그리고 물론, 깨진 컵도 중력 때문이다.

뉴턴보다 거의 100년 앞서, 갈릴레오 갈릴레이는 서로 다른 질량을 지닌 물체라도 낙하하는 가속도는 동일하다고 주장했다(그리고 실험으로 이를 증명했다). 그의 주장은 사람들이 수천 년간 믿어왔던 내용과 달랐다. 그리고 실제로 깃털과 돌을 동시에 떨어뜨리면 돌이 더 빨리 떨어진다. 이유가 뭘까? 바로 공기 저항 때문이다. 깃털에 공기 저항이 유독 더 크게 작용하는 것이다.

**갈릴레오 갈릴레이**
**(Galileo Galilei, 1564~1642)**
이탈리아의 과학자로 현대 과학의 창시자 중한 사람이다. 그는 과학적 주장을 할 때는 단순히 추론만을 근거로 제시해서는 안 되며, 실험으로 증명해야 한다고 생각했다. 갈릴레이는 지구가 태양 주위를 공전한다는 가설을 지지한다는 이유로 종교 재판에서 이단 취급을 받아 화형대에 오를 뻔했다. 그는 맞서 싸우지 않고 공식적으로 주장을 철회했지만, 남은 생을 집안에만 갇혀 살아야 했다.

만약 달에서 같은 실험을 한다면 깃털과 돌은 갈릴레이의 예측대로 동시에 떨어질 것이다. 그 이유는 바로 달에는 공기가 없기 때문이다. 유튜브에서 '달에서의 갈릴레이 실험'을 검색하면 이 실험 내용을 쉽게 찾아볼 수 있다.

그렇다면 돌을 단순히 떨어뜨리는 것이 아니라 던진다면 어떻게 될까? 이 경우 돌의 속도는 두 가지 성분을 지닌다. 하나는 수직 방향 성분으로, 자유 낙하와 동일하다(여기서도 중력이 영향을 미친다). 다른 하나는 수평 방향 성분으로, 이 경우에는 던진 사람의 힘이 작용한다. 그 결과 돌은 곡선을 그리며 날아가게 되는데, 이 곡선을 수학 용어로 포물선이라고 한다. 포물선은 던지는 방향과 지면 사이의 각도에 따

라 높이와 너비가 달라질 수 있다. 하지만 어떤 경우든 특유의 봉우리 모양은 유지한다.

동일한 힘으로 돌을 던지되, 이번에는 각각 다른 각도로 던져보자. 거의 수직이 되게 위로 던진다면 돌은 아주 가까이 떨어질 것이다. 그리고 거의 지면과 비슷하게 낮은 각도로 던져도 그리 멀리 날아가지는 못할 것이다. 우리가 돌을 던질 때는 지표면이 평평하다고 가정할 수 있고, 이때 돌이 가장 멀리 날아가게 하는 최선의 각도는 45°, 즉 직각의 절반이다. 지구가 둥글다는 사실은 날아가는 경로에 영향을 주지 않는다. 하지만 돌을 점점 더 강한 힘으로 던진다면 어떻게 될까? 돌은 더욱더 멀리 날아갈 것이며 어느 속도에 도달하게 되면 더

누가 더 멀리 침을 뱉는지 친구와 시합할 때는 45° 각도가 승리의 열쇠임을 기억하자.

이상 지구가 둥글다는 사실을 무시할 수 없게 된다. 지표면은 날아가
는 돌로부터 멀어지는 것처럼 보이게 되고 결국 돌은 떨어질 곳이 없

우리가 사는 세상의 물질 사이에는 단 네 가지 상호 작용이 존재한다. 중력,
전자기력, 강한 상호 작용(강력), 약한 상호 작용(약력)이다. 강력과 약력은
오직 원자 내부에서만 관측되고, 우리에게 익숙한 규모의 세계에서는 중력
과 전자기력만으로 상호 작용 설명이 가능하다.

게 된다. 다시 말해, 돌이 엄청난 속도로 날아가게 되면 끝없이 낙하하면서도 계속해서 지표면을 '지나치게' 되는 것이다.

현실적으로 가능한 일일까? 계산에 따르면, 돌을 던지는 속도가 약 시속 3만 킬로미터, 즉 비행기보다 30배 빠른 속도에 이르면 돌이 지표면에 도달하지 않고 지구 주위를 계속해서 돌게 된다. 마치 달처럼 말이다. 지구 대기권 내에서는 그러한 속도에 이르는 것이 불가능하다. 어떤 물체든 대기와의 마찰로 열이 발생해서 결국 불타버리고 말 것이기 때문이다. 게다가 공기 저항이 물체의 움직임을 계속해서 방해할 것이다. 하지만 우주 공간에서라면 가능하다.

지구를 향해 낙하하지만 지속해서 '스쳐 날아가는' 물체의 속도를 제1우주 속도라고 하며, 이러한 물체를 '위성'이라고 한다. 지구의 달은 자연위성에 해당하며 GPS 신호를 전송하는 위성은 인공위성이다.

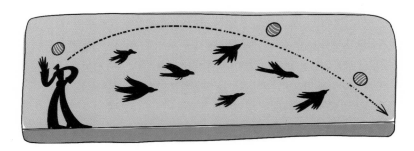

제1우주 속도가 있다면, 상식적으로 제2, 제3, 어쩌면 제4우주 속도도 있다고 추측할 법하다. 실제로 제2우주 속도에 이르면 물체가 지구 궤도를 벗어나 우주 저편으로 날아가게 되며, 제3우주 속도는 태양계를 벗어나게 하는 속도, 제4우주 속도는 우리 은하를 벗어나게 하는 속도다. 인류는 이미 제3우주 속도에 이르는 데 성공했지만 제4우주 속도는 아직 극복하지 못했다.

## 엘리베이터에서의 다이어트, 소파 위의 무중력

누구나 엘리베이터를 타본 경험이 있겠지만, 엘리베이터 바닥에 체중계를 놓고 몸무게를 측정하면서 엘리베이터 버튼을 눌러본 사람은 아마 거의 없을 것이다. 하지만 이 실험은 아주 간단하면서도 대

**알버트 아인슈타인**
**(Albert Einstein, 1879~1955)**
물리학에서는 이론을 증명할 때 종종 사고 실험을 활용한다. 이러한 가상의 실험은 실제로 진행했을 때도 동일한 결과가 도출될 것이라 확신할 수 있을 만큼 충분히 설득력을 갖추어야 한다. 알버트 아인슈타인은 사고 실험의 대가였다. 그의 유명한 상대성 이론은 바로 이러한 사고 실험을 기반으로 정립되었고, 후에 이루어진 실제 실험을 통해 설득력 있는 증거를 얻었다.

단히 중요한 실험이다. 위대한 물리학자 알버트 아인슈타인은 머릿속으로 이 실험을 구상했는데(그리고 상대성 이론을 만들어냈다), 우리는 실제로 시도해볼 수 있다.

엘리베이터가 위로 움직이는 순간, 체중계 위에 오른 사람의 체중은 2~3킬로그램 증가했다가 다시 원래대로 돌아오는 것을 볼 수 있다. 아래로 이동할 때는 반대로 체중이 줄어들었다가 다시 돌아온다. 무슨 일이 일어난 것일까?

엘리베이터가 움직이기 시작할 때, 속도는 0에서 초속 1미터로 바뀐다. 이러한 속도의 변화를 가속도라고 한다(브레이크를 밟아 속도를

줄이는 경우에도 가속도 값을 갖는데, 이때 가속도는 음의 값이다). 엘리베이터 실험을 통해 우리는 가속도의 방향에 따라 물체의 무게가 증가하거나 감소할 수 있다는 사실을 알 수 있다.

어떻게 이런 일이 일어날 수 있을까? 체중계는 정확한 측정 도구다. 체중계, 즉 저울은 제품의 무게를 측정하고 가격을 매기는 데 사용된다. 그런데 어떻게 이토록 쉽게 저울을 속일 수 있다는 것일까? 사실 이 현상에는 아무런 모순이 없다. 저울은 물체의 무게를 측정한다.

물체의 무게와 질량은 서로 다른 개념이지만 혼동하기 쉽다. 질량은 물체의 본질적인 속성이다. 물체의 질량에 따라 그 물체에 작용하는 중력의 크기, 그리고 그 물체가 다른 물체를 끌어당기는 힘의 크기가 결정된다. 무게는 물체와 이를 지탱하는 저울 간의 상호 작용에 따른 값이다.

다시 말해 물체가 저울을 누르는 힘의 크기를 측정한다. 그리고 아이작 뉴턴에 의하면, 힘이란 물체의 질량에 가속도를 곱한 값이다. 엘리베이터처럼 공간의 가속도를 변화시킬 수 있다면 누르는 힘에 대응하는 무게도 증가시키거나 감소시킬 수 있고, 심지어 완전히 체중계의 눈금을 0으로 만들 수도 있다. 이때 물체는 무중력 상태에 이른다.

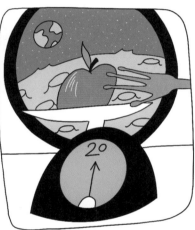

사과나무에서 사과가 떨어질 때, 지구는 사과를 끌어당기고 지구의 중력은 사과의 낙하 속도를 가속시킨다. 사과나무가 어떤 행성에서 자라는지에 따라 가속도의 크기는 달라지는데, 이 크기를 중력가속도라고 한다. 예컨대 달의 중력은 지구 중력의 6분의 1에 불과하므로 모든 물체가 지구에 있을 때보다 6배 가벼워진다.

다른 사고 실험을 해보자. 만일 스카이다이버가 공중에서 낙하하는 동안 낙하산이 펼쳐지기 전까지 체중계 위에 올라설 수 있다면, 체중계의 눈금은 영점을 가리킬 것이다.

왜냐하면 다이버와 체중계는 동일한 가속도로 동시에 움직일 것이기 때문이다(단순함을 위해 공기 저항은 무시하자). 그러니까 무중력 상태를 체험해 보려고 우주까지 날아갈 필요는 없다. 트램펄린에서 뛰어오르는 것만으로도 충분하고, 트램펄린이 없으면 소파에서 뛰면 된다. 뛰어올랐다가 낙하하는 순간 마치 우주 비행사가 된 듯이 무중력 상태를 경험하게 될 것이다.

단순히 뛰어올랐다가 떨어지는 것만으로 무중력 상태를 경험할 수 있다는 사실은 100년 전만 해도 전혀 당연한 일이 아니었다. 가령 유명한 과학 소설 작가 쥘 베른(Jules Verne)은 1865년에 우주여행을 묘사하면서, 지구의 중력이 달의 중력과 평형을 이루는 지점에 도달하는 순간에만 무중력 상태를 경험할 것이라고 생각했다.

## 엘리베이터 :
## 공간의 뒤틀림과 상대성 이론

아인슈타인은 엘리베이터에 관한 사고 실험에서, 엘리베이터에 탄 사람은 엘리베이터가 일정한 가속도로 상승하면서 자신을 아래로 누르는 힘과 엘리베이터가 정지했을 때 느끼는 중력의 차이를 구별할 수 없다는 사실을 깨달았다.

**피에르 드 페르마**
**(Pierre de Fermat, 1601~1665)**

'위대한 사람은 모든 방면에서 위대하다'는 표현에 적합한 인물이었다. 그는 여러 언어에 능통한 법률가이자 시인이었고, 물론 수학자였다. 그리고 '페르마의 마지막 정리'로 역사에 이름을 남겼다. 이 정리에 대해 그는 수학책의 여백에 '나는 이 문제의 증명 과정을 알지만 적을 공간이 부족하다'라는 글귀를 남겼다. 그 후로 300년 이상 전 세계의 수많은 수학자가 이 정리를 증명하려고 애썼지만, 결국 1995년이 되어서야 증명되었다. 페르마가 생각했던 증명은 아마도 틀렸을 것 같다.

이러한 등가성, 즉 중력과 가속도를 구별할 수 없다는 개념은 일반 상대성 이론의 기초가 되었다.

엘리베이터 안의 사람이 손전등을 벽에 비춘다고 상상해보자. 엘리베이터가 위로 가속한다면, 손전등 빛이 벽에 도달하는 시점에는 이미 엘리베이터 벽이 약간 위로 올라간 상태일 것이고, 정지 상태의 엘리베이터에서의 관점에서 볼 때보다 빛은 아래로 약간 휘어지게 된다. 엘리베이터의 가속 운동이 빛의 경로를 휘게 만든 것이다. 또한 엘리베이터의 가속 운동과 중력의 영향을 구별할 수 없다는 사실을 상기해보면 중력(질량이 큰 물체가 끌어당기는 힘)도 빛의 경로를 휘게

할 수 있다는 결론이 나온다.

앞선 17세기에 피에르 드 페르마가 제시한 원리에 따르면, 빛은 언제나 최단 시간이 소요되는 경로를 택한다. 두 지점 사이의 최단 경로는 직선이다. 그래서 엘리베이터의 한쪽에서 다른 벽으로 향하는 빛의 경로는 완벽한 직선이어야 한다. 그러나 아인슈타인의 생각을 따라가면 빛이 휘어지는 것을 보게 된다. 어째서일까?

아인슈타인은 놀라운 아이디어를 제안했다. 질량이 큰 물체는 빛의 경로를 휘게 하는 것이 아니라 빛이 이동하는 공간 자체를 뒤틀리게 한다는 것이다. 처음에는 워낙 허무맹랑한 소리로 들렸기에 많은 과학자들이 믿으려 하지 않았다. 여기서 문제는, 이 이론을 실험으로 검증하기가 무척 까다롭다는 점이다. 우리의 일상에서는 공간 곡률이 너무나 미약한 수준이기에 이를 탐지할 수 있는 방법이 없다. 하지만 태양이라면 공간을 뒤틀리게 할 만큼 질량이 충분히 크므로 인간의 눈으로도 이 현상을 관측할 수 있다.

평상시에 우리는 태양 주위의 별을 관측할 수 없다. 태양의 강렬한 빛이 주위의 별빛을 가리기 때문이다. 다만 개기일식으로 태양빛이 가려지면 상황이 달라진다. 1919년에 발생한 개기일식 당시 아프리카와 남아메리카에 파견된 두

알버트 아인슈타인은 진정으로 대중적인 스타가 된 최초의 과학자로, 신문의 일면에도 종종 등장하곤 했다. 그에게 열광하는 군중이 어디에서나 모여들었다. 만일 그 시절에 소셜 미디어가 있었다면 아인슈타인은 엄청난 수의 팔로워를 보유했을 테고, 분명히 미국 시트콤 〈빅뱅 이론〉에도 흔쾌히 출연했을 것이다.

팀의 과학 탐사대가 관측한 결과, 태양빛으로 인해 평소에는 모습을 드러내지 않다가 개기일식 중에만 관측되는 별들의 좌표가 밤하늘에서의 원래 좌표와 다르다는 사실을 확인했다. 별들의 실제 위치가 바뀐 것이 아니었다. 별들의 명백한 위치 변화는 별빛이 태양 부근을 통과할 때 휘어지면서 생긴 현상이었다. 그리고 달라진 좌표의 값은 일반 상대성 이론에서 계산된 값과 정확히 일치했다.

이제부터는 엘리베이터 버튼을 누른 후 몸이 바닥으로 약간 눌리는 느낌을 받게 되면, 주변의 세계가 우리의 상식과는 완전히 다르다는 사실을 떠올려보자. 우리 인간은 지성을 가진 존재이기에, 당연해 보이는 현상을 극복하고 상상이 불가능한 우주의 실체를 이해하고 수학적으로 확고히 설명할 수 있는 역량이 있다.

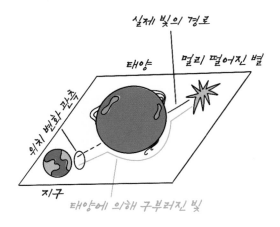

## 마찰력 :
## 바퀴가 뿜어내는 불꽃과 마법의 스케이트

모험 소설에 등장하는 수많은 주인공들은 물리학의 여러 법칙을 마음껏 무시할 수 있는 능력을 지녔다. 그중에서도 마찰력을 사라지게 하는 능력을 발휘한 결과, 주변의 모든 것들이 엄청나게 미끄러워졌다.

우리가 마찰력을 무시할 수 없다는 점은 다행스러운 일이다. 마찰력이 없다면 우리를 둘러싼 세계는 그저 미끄러워지기만 하는 것이 아니라, 사실상 말 그대로 뿔뿔이 흩어져버릴 것이기 때문이다. 마찰력은 우리 몸을 포함한 주변의 모든 것을 서로 엮어주는 역할을 한다.

마찰력이란 두 물체가 접촉할 때 발생하는 힘으로, 두 물체의 상대적인 움직임을 방해하는 힘이다.

손바닥을 식탁 위에 올려놓고 서서히 힘을 더해가며 밀어보면, 처음에는 손이 움직이지 않고 식탁에 달라붙어 있을 것이다. 일단 손이

움직이기 시작하면, 그리고 더 빨리 움직일수록 손바닥은 더 뜨거워
진다.

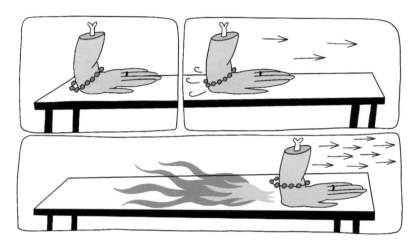

마찰력은 서로 마찰하는 표면의 거칠기와 표면에 존재하는 분자들의 상호 작용의
결과로 발생한다.

이 예시는 두 형태의 마찰력, 즉 정지 마찰력과 운동 마찰력을 간단
하고 명확하게 보여준다. 정지 마찰력은 두 물체가 상대적으로 정지
한 상태에서 발생하고, 운동 마찰력은 두 물체가 상대적으로 움직이
기 시작할 때 발생한다. 운동 마찰력은 마찰을 일으키는 물체의 역학
적 운동 에너지를 열에너지로 변환한다.

정지 마찰력 덕분에 세상의 모든 물체는 바닥에 놓이거나, 한 자리

에 서 있거나, 서로 붙어서 떨어지지 않는 상태를 유지할 수 있다. 마찰력이 없다면 건물의 벽에서 벽돌이 죄다 빠져나오고 우리 몸의 뼈가 근육으로부터 떨어져 나가버릴 것이다.

인간은 운동 마찰력을 활용해서 다양한 종류의 브레이크를 만들어냈다. 바퀴 달린 이동 수단이 등장하면서, 우리는 물체의 속도를 빠르게 하는 방법뿐 아니라 제대로 멈추게 하는 법도 알아야 했다. 여기서 운동 마찰력이 아주 유용하게 활용된다.

브레이크의 제동은 운동 에너지를 감소시키는 과정이다. 그 과정에서 에너지 자체는 사라지지 않고 그 형태가 변환된다. 운동 마찰력으로 인해 바퀴의 운동 에너지가 열에너지로 전환되며, 이때 전환된 열은 공중으로 흩어진다.

외부와 단절된 공간 내부에서는 어떠한 에너지도 그냥 사라질 수 없고 다만 다른 형태로 바뀔 뿐이다. 예를 들어 발전소의 발전기는 역학적 에너지를 전기 에너지로 변환하고, 전기 주전자는 전기 에너지를 열에너지로 변환한다. 이것이 바로 '에너지 보존의 법칙'이다.

산악자전거를 타고 산에서 내려온 후에 자전거의 디스크 브레이크를 살펴본 적이 있는가? 브레이크가 마치 프라이팬처럼 뜨겁게 달구어져 있어서, 물을 뿌려보면 치익 소리를 내며 물이 증발해 버릴 것이다.

당연한 일이다. 왜냐하면 디스크 브레이크는 산에서 내려오면서 자전거를 타는 사람과 자전거 자체가 생성하는 거의 모든 운동 에너지를 흡수하기 때문이다.

그렇다면 육중한 무게의 기차는 어떻게 멈출 수 있을까? 디스크 하나로는 어림없다. 일반적으로 기차의 각 바퀴 주위에는 특수한 브레

기계 설비나 모터에 움직이고 마찰하는 부분이 있을 때는 부속품이 닳지 않도록 윤활유를 항상 사용한다.

이크 패드가 있어서 제동을 걸면 이 패드가 집게처럼 바퀴를 조인다. 그 결과 패드의 구성 소재의 온도가 엄청나게 상승해서 그 입자들이 불꽃으로 변한다. 기차 아래에서 불꽃이 쏟아져 나오는 모습을 본 적이 있는가? 무척 아름다운 광경이다.

브레이크처럼 마찰력을 증가시키는 대신 감소시켜야 하는 상황도 있다. 그럴 때는 윤활제를 사용한다. 빙판 위에서 스케이트를 타면 왜 그렇게 빠르게 나아가고 큰 힘이 들지도 않을까? 빙판 자체의 윤활 작용 때문이다. 빙판의 표면에는 매우 얇게 수분막이 형성되어 있는데, 이 수분막이 윤활제 역할을 한다. 이 때문에 우리는 빙판길에서 미끄러지고 넘어지는 것이다. 그리고 스케이트의 마찰에 따라 발생하는 열이 얼음을 따뜻하게 녹이므로 윤활 효과가 더욱 강해지고 더 쉽게 빙판 위를 가로지를 수 있게 된다.

## 아르키메데스의 원리와 풍선

고대 그리스 과학자 아르키메데스가 욕조에서 뛰쳐나와 "유레카!"
라고 외치며 벌거벗은 채 거리를 뛰어다녔다는 일화는 누구나 들어
보았을 것이다. 그런데 당시 떠오른 아이
디어가 그에게는 얼마나 엄청난 일이었
길래 오늘날까지도 우스꽝스러운 모습
으로 역사에 길이 남게 되었을까?

우리는 이 원리가 적용되는 상황을 말 그대로 어디에서나 볼 수 있다. 아르
키메데스가 그토록 흥분했던 이유도 이 발견을 통해 수많은 현상을 단번에
설명할 수 있었기 때문이었다.

'아르키메데스의 원리'는 다음과 같이 표현될 수 있다. 액체나 기체 (기체는 잘 언급되지 않지만, 뒤에서 다시 설명하겠다) 속의 물체의 무게는 대체된 부피에 해당하는 액체 또는 기체의 무게만큼 줄어든다.

모든 물체는 무게를 지닌다. 예를 들어, 저울에 통조림 캔을 달아보면 저울의 눈금은 300그램이라는 수치를 가리킬 것이다. 그러나 저울을 물속에 넣고 다시 무게를 측정하면 그 무게는 50그램이 될 것이다. 250그램이라는 통조림 캔의 무게 차이는 아르키메데스의 원리가 적용되는 사례다. 물속에서 통조림 캔은 동일한 부피(250밀리리터)만큼의 물을 대체했고, 대체된 물의 양에 해당하는 만큼 무게가 줄어들었다. 이 실험을 직접 해보려면 용수철저울 같은 기계식 저울을 사용하면 된다.

이제 사과를 이용해 보자. 공기 중에서 사과의 무게는 200그램이다. 하지만 물속에서는 무게를 측정할 수 없다. 사과는 물 위에 떠서 저울에 전혀 압력을 가하지 못하기 때문에 저울은 영점을 가리킬 것이다. 사과가 물속에 잠겼을 때 대체하는 물의 부피에 해당하는 무게가 사과의 무게보다 더 크다 보니 아예 사과가 무게를 상실한 것이다. 이것이 물에 뜨는 물체(부체)와 그렇지 않은 물체의 차이다. 무게에 비해 부피가 큰 통나무 같은 물체가 부체에 속한다. 이러한 부체가 자체 무게만큼의 물을 대체한 결과 물속에서의 무게가 0이 되고 물에 뜨게 되는 것이다. 반면에 돌처럼 물에 뜨지 않는 물체는 밀도가 높고 무겁다. 이러한 물체는 무게가 줄어들지만 완전히 사라지지는 않기 때문에 바닥으로 가라앉는다.

배는 왜 물 위에 뜰까? 대형 선박은 금속 재질로 육중한 무게를 가지는데 말이다. 바로 여기서 아르키메데스의 원리가 멋지게 등장한다. 배의 선체는 부분적으로 수면 아래로 잠긴다. 그래서 배의 부피는 두 부분, 즉 수면 윗부분과 수면 아랫부분으로 구분해볼 수 있다.

수면 아래로 잠기는 부분에 해당하는 특정 부피는 정확히 동일한 부피의 물을 대체한다. 이 물의 무게를 배수량(배수톤수)이라고 부른다. 선박이 몇 톤의 배수량을 가진다고 하면, 그 의미는 배의 일부가

국제단위계는 지구상에서 1리터의 순수한 물의 무게가 정확히 1킬로그램에 해당하며, 1,000분의 1리터, 즉 1밀리리터는 1그램이라고 설정했다.

물에 잠기면서 그만큼의 물을 대체
한다는 뜻이다. 아르키메데스의 원리
에 따르면 배는 이 무게와 동일한 힘
을 받아 위로 들어 올려진다. 배 내부
에는 빈 곳이 존재하고 배의 선체와
갑판의 두께가 상대적으로 얇기 때문
에, 배 자체의 무게보다 훨씬 더 많은
무게에 해당하는 물을 밀어내게 된
다. 만약 이러한 구조가 성립하지 않
게 되면, 예를 들어 선체에 구멍이 생
기거나 심하게 기울어지면 선체 내부
에 물이 차오르고, 대체되는 물의 부피가 급격히 감소하면서 배의 무
게는 증가한다. 그 결과 배는 침몰하게 된다.

아르키메데스의 원리는 액체뿐 아니라 기체 내에서도 적용된다.
풍선을 공기보다 가벼운 기체(헬륨이나 수소)로 서서히 채우면, 어느
순간 풍선으로 대체된 공기의 부피에 해당하는 무게(공기나 다른 기체
도 무게를 가진다)가 풍선의 무게보다 더 무거워질 것이고, 그 결과 풍
선은 공중으로 떠오를 것이다. 그리고 대형 풍선에 가벼운 기체를 주
입하면 풍선이 대체하는 공기의 부피가 월등히 커져서 무거운 물체

도 들어 올릴 수 있게 된다. 아르키메데스의 원리 덕분에 비행선이 날아가는 것이다.

세계 최대의 비행선이었던 힌덴부르크는 100톤의 화물을 실을 수 있었다. 힌덴부르크의 역사는 비극적이다. 1937년 비행선이 착륙하던 중 케이블이 끊어지면서 수소 탱크가 손상되었다. 그날은 천둥 번개가 치던 날이라 정전기로 인해 스파크가 발생했고, 가연성이 매우 높은 수소 가스로 인해 선체는 불길에 휩싸였으며 거대한 비행선은 몇 분 만에 재가 되어버렸다.

왜 풍선에 보통의 공기를 불어 넣으면 떠오르지 않을까? 풍선의 부피에 의해 공기가 대체되지 않기 때문이다. 풍선의 내부와 외부에는 동일한 공기가 존재한다. 풍선에 의해 대체되는 공기의 무게는 풍선 내의 압축된 공기의 무게보다 오히려 적다. 따라서 부력이 중력을 극복할 수 없게 되고 풍선은 바닥에 그대로 떨어지게 된다.

## 아보가드로의 법칙 : 기체의 질량은 어떻게 측정할까?

아, 사이다 캔을 딸 때의 그 청량한 소리! 무수한 거품이 목을 넘어 가는 그 기분! 이 현상은 이산화탄소(탄산가스)가 방출되면서 나타난 다. 이산화탄소는 사이다를 좋아하는 아이들뿐 아니라 지구상 모든 생명체의 친구다. 우선 식물이 광합성을 하는 데 필수적이다. 그리고

**아메데오 아보가드로**
**(Amedeo Avogadro, 1776~1856)**
이탈리아 토리노 출신으로, 평생 그곳에서 교수
로 일하며 연구 활동을 했고 토리노 대학 고등
물리학과의 학과장이기도 했다. 아보가드로는
자신의 이름을 딴 법칙뿐 아니라 물의 분자식이
HO나 $H_2O_2$가 아니라 $H_2O$라는 사실을 증명한
것으로도 유명하다.

수증기와 더불어, 태양열로 따뜻해진 지구에서 열기가 죄다 우주 밖
으로 방출되어 지구가 거대한 얼음덩어리로 변하지 않도록 지켜준
다. 하지만 인간이 석유나 장작 따위의 연료를 연소시키는 과정에서
대기 중으로 엄청난 양의 이산화탄소가 배출되기도 해 지구의 온난
화를 야기하고 돌이킬 수 없는 기후 변화를 초래하기도 한다.

일반적인 여객기는 고작 한 시간의 비행으로 이산화탄소를 18톤가
량 뿜어낸다. 그런데 '기체 18톤'이라니, 다소 이상하게 들린다. 기체
를 저울에 달아볼 수도 없는 노릇인데, 대체 기체의 질량은 어떻게 측
정할 수 있을까?

다들 알다시피 기체는 자유롭게 움직이는 분자들로 구성되어 있는

데, 기체는 무게가 없을 것처럼 보이나 각각의 분자는 비록 매우 미미한 양이지만 고유의 질량을 가진다. 따라서 1리터 용기에 든 기체 분자의 질량을 모두 합산하면 1리터 분량의 기체의 질량을 측정할 수 있다.

측정 방법은 생각보다 어렵지 않다. 분자는 여러 원자들로 이루어진다(예를 들어, 이산화탄소는 탄소 원자 한 개와 산소 원자 두 개로 이루어져 $CO_2$라는 화학식으로 표현된다). 원자의 질량은 주기율표에서 쉽게 찾을 수 있고, 정상 기압일 때 실온에서 1리터 내의 기체 분자의 수는 이탈리아의 화학자 아메데오 아보가드로가 19세기 초반에 이미 도출해냈다.

동일한 온도 및 압력 상태에서는 동일한 부피 내에서 서로 다른 종류의 기체라도 분자 개수가 동일하다.

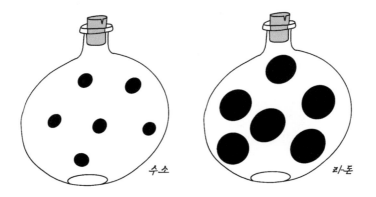

수소          라돈

다시 말해, 아보가드로는 가장 가벼운 수소부터 가장 무거운 라돈에 이르기까지 모든 종류의 기체에 대해 동일한 온도와 압력 조건이라면 동일한 부피의 용기에 든 분자의 개수는 모두 같다는 사실을 증명했다. 수소 분자를 탁구공으로, 라돈 분자는 농구공으로 가정하더라도 동일한 부피 내에는 동일한 개수가 존재한다는 것이다. 이 사실은 직관에 반대되는 것 같지만, 과학에서는 이런 경우가 다반사다.

놀랍게도 우리는 날마다 기체의 중량에 관한 내용을 접한다. TV에서 일기예

저울로도 기체의 무게를 측정할 수 있다. 피크노미터, 혹은 비중병이라고 하는 특수한 기구가 있다. 피크노미터는 본질적으로 그냥 마개가 달린 유리병이다. 우선 기체가 든 이 병의 무게를 측정한 다음, 펌프로 기체를 뽑아내어 진공 상태로 만든 후 다시 무게를 측정한다. 여기서 무게의 차이가 기체의 질량이 된다.

보를 보면 종종 기압에 대한 언급이 나오며, 심지어 수은주밀리미터 (mmHg)라는 단위로 기압을 측정하기까지 한다. 수은주란 과연 무엇이며 왜 수은이 사용될까? 사실 기압은 우리 지구의 대기 중량과 직접적으로 연관되며 기체의 질량과도 관계가 있다. 왜냐하면 우리가 숨 쉬는 공기 자체가 대부분 질소, 산소, 이산화탄소로 이루어진 여러 기체의 혼합물이기 때문이다.

우리가 거대한 바다 밑에 살고 있다고 상상해보자. 대신에 바닷속은 물 대신 100킬로미터 두께의 공기로 가득 차 있다고 가정한다면,

이 거대한 기체 덩어리는 뉴턴의 법칙에 의거해 바다 표면에 밀착되어 있으며 바닷속에 존재하는 모든 물체, 즉 우리 인간에게도 압력을 가한다.

유리관에 수은을 채우고 마개로 봉한 다음 유리관을 뒤집어서 수은이 큰 용기 속으로 흘러 들어가도록 해보면, 수은이 완전히 빠져나가지 못한다는 사실을 알 수 있다. 무언가가 수은의 흐름을 방해하고 있는 것이다.

수은을 유리관으로 되돌리려는 정체는 바로 대기의 압력, 즉 기압이다. 기압이 강할수록 유리관 내의 수은의 높이가 올라간다. 이때 수은을 밀어내는 정도의 단위가 바로 수은주 밀리미터다. 정상 기압에서 수은의 높이는 대략 750mmHg를 유지한다.

인간의 몸은 대기압에 익숙해져 있기 때문에 우리는 기압을 체감하지 못한다. 게다가 대기의 압력은 우리 몸의 내부와 외부에 거의 동일하게 작용하므로 그 영향이 상쇄된다. 하지만 대기압이 지구의 90배인 금성에서는 인간이 살아남지 못할 것이다.

대기의 압력이 낮을 때(주로 비가 오거나 흐린 날)는 700mmHg 이하로 떨어질 수 있고, 높을 때는 수은주가 780mmHg에 이른다.

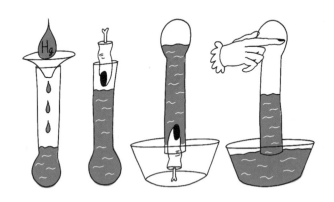

기체는 공기보다 무거울 수도, 가벼울 수도 있다. 공기보다 무거운 기체는 아침 안개처럼 지표면 가까이 퍼진다. 반면에 공기보다 가벼

운 기체는 대기권의 상층부로 상승하게 된다. 공기보다 무거운 이산화탄소는 실내에서 바닥으로 낮게 가라앉아서 우리의 호흡에 필요한 산소를 밀어 올려준다. 전쟁 중에는 사람들이 방공호에 앉아서 오랜 시간을 보내곤 했다. 방공호 내부의 산소가 사람들의 호흡으로 소진되면서 바닥 쪽에는 점점 이산화탄소가 짙게 깔리게 된다. 그래서 방공호 바닥에는 촛불을 놓아두었는데, 이는 누워있는 사람들이 질식사하지 않게 하는 방법이었다. 촛불이 꺼지면 산소가 부족하다는 신호이므로 모두 자리에서 일어나야 한다는 뜻이다.

오늘날에도 사고를 피하려면 기체의 질량에 대해 주의를 기울일 필요가 있다. 어느 파티에서 다음과 같은 사고가 발생했다. 사람들이 커다란 드라이아이스(냉각된 이산화탄소) 덩어리 몇 개를 수영장에 던져 넣었다. 따뜻한 물에서 드라이아이스는 빠른 속도로 기화되어 수면 위로 퍼지게 된다. 수영하던 사람들은 그 순간 숨이 막혀오는 것을 느꼈지만, 물 밖으로 미처 빠져나오지 못해서 산소 부족으로 사망하고 말았다.

이산화탄소와 반대로 휘발유가 기화, 즉 휘발하는 경우에는 그 기체가 공기보다 가벼우므로 위로 퍼져 나간다. 게다가 휘발된 기체는 매우 높은 가연성을 지닌다. 바로 이 때문에 주유소에서 흡연이나 라이터 사용이 엄격히 금지되는 것이다. 만일 휘발유 탱크가 열려있다면 상당한 거리에서도 휘발된 기체로 인해 점화될 수 있으며, 불은 삽시간에 연료 탱크로 번져서 폭발할 것이다.

## 베르누이의 법칙 :
## 비행기는 어떻게 하늘을 날까?

비행기 날개의 단면을 정면에서 바라보면 길게 늘어난 물방울 같은 모양에 아랫면은 평평하다. 이 독특한 형태는 오랜 기간에 걸친 실험과 계산 끝에 특수하게 고안된 결과물이다. 그리고 이 형태는 18세기 스위스 물리학자 다니엘 베르누이가 제시한 법칙에 근거한다.

**다니엘 베르누이**
**(Daniel Bernoulli, 1700~1782)**
다니엘 베르누이는 당시에도 유명한 과학자였다. 베르누이는 현의 진동이나 유체의 흐름과 같은 물리 현상을 수학적으로 설명하는 기법을 발전시키는 데 크게 기여했다. 당대의 유명한 수학자였던 아버지 요한 베르누이와 어떤 발견을 놓고 누가 먼저 했는지를 오랫동안 다투기도 했다. 그는 러시아에 신설된 상트페테르부르크 과학 아카데미에서 8년간 일한 경험도 있다.

'베르누이 법칙'은 기억하기 쉽다. 유체의 속도가 느리면 압력은 더 커진다.

공기의 흐름이 비행기 날개의 앞면에 닿는 모습을 상상해 보자. 공기는 날개의 위아래로 갈라져 통과할 것이다. 날개 위의 공기는 아래쪽 공기보다 더 긴 경로를 거쳐야 날개 뒤쪽에 도달하게 되는데, 이때 두 갈래의 흐름은 동시에 도달해야 한다. 그렇게 되려면 위의 공기는 아래의 공기보다 더 빠르게 이동해야 한다. 따라서 날개 위쪽으로 이동하는 공기의 속도가 더 빨라지게 된다.

베르누이 법칙에 따르면, 유체의 속도가 느린 지점이 더 큰 압력을 받는다. 즉, 날개 아래쪽의 압력이 증가해서 날개를 위로 밀어 올리게 되고, 그에 따라 무게가 수 톤에 달하는 비행기가 이륙해서 공중에 뜰 수 있는 것이다.

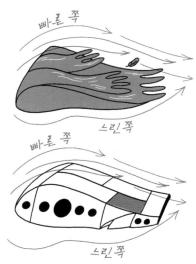

이러한 원리가 어떻게 작용하는지 직접 보고 싶다면, 종이를 가늘고 길게 잘라서 입으로 종이의 위쪽을 불어보면 된다.

종이 위로 공기의 흐름이 생

기면 종이띠가 위로 올라가는 현상을 볼 수 있을 것이다.

    어떠한 물체든 빠른 속도로 움직이면 물체를 둘러싼 공기의 흐름을 소용돌이치게 해서 물체 가까이의 압력이 주위보다 낮아진다. 바

로 이 때문에 기차가 빠르게 지나갈 때 플랫폼 가장자리에 서 있으면 안 되는 것이다. 기차의 움직임으로 주위 압력이 낮아져 사람이 순식간에 빨려 들어갈 수가 있다. 이 또한 베르누이 법칙에 따른 현상이다.

베르누이 법칙은 액체 및 기체의 움직임에 따른 다양한 현상을 간단하게 설명한다. 가령 샤워를 할 때 샤워 커튼이 물줄기에 달라붙는 현상, 강한 바람이 땅에서 나뭇잎을 들어 올리는 현상, 배 두 척이 나란히 빠른 속도로 달릴 때 서로 이끌리는 현상이 이 법칙으로 설명된다.

## 불변의 기체, 하지만 얼음은 예외다!

비행기를 탈 때 간식으로 먹을 과자를 챙겨본 적이 있을지 모르겠다. 그런 경험이 있다면 아마 비행기가 이륙한 후 과자 봉지가 작은 풍선처럼 다소 기이하게 부풀어있으며 봉지를 뜯을 때 특유의 뻥 소리가 나며 터진다는 사실을 알아챘을 것이다. 누가 과자 봉지에 장난을 친 것일까? 대체 왜?

물론 실제로는 아무도 장난을 치지 않았다. 여기서는 흔히 기체법칙이라고 불리는 법칙 중 하나인 '보일-마리오트의 법칙(보일의 법칙)'이 작용한 것이다.

상온에서 기체의 압력과 부피의 곱은 항상 일정하다.

몽골피에 형제가 열기구를 이용해 비행에 성공한 지 열흘 만에 수소를 가득 채운 수소기구를 날리는 데 성공한 **자크 샤를**(Jacques Charles, 1746~1823)의 법칙, 위대한 프랑스 과학자 **조제프 루이 게이뤼삭**(Joseph Louis Gay-Lussac, 1778~1850)의 법칙, 그리고 아일랜드의 **로버트 보일**(Robert Boyle, 1627~1691)과 프랑스의 **에듬 마리오트**(Edme Mariotte, 1620~1684)가 제시한 보일-마리오트의 법칙은 기체의 부피, 압력 및 온도의 상관관계를 설명한다. 그래서 이 법칙들을 '이상기체 법칙'이라고 부르게 되었다.

다시 말해, 닫힌 공간 내부에서 기체의 압력이 감소하면 압력과 부피의 곱이 일정한 값으로 유지되어야 하므로 부피는 반드시 증가해야 한다.

비행기가 운항하는 10킬로미터 상공에서의 기압은 지상에 비해 훨씬 낮다. 승객들이 불편함을 느끼지 않도록 비행기 내부의 기압을 인공적으로 조절하지만, 그럼에도 완전히 지상의 기압과 같아지지는 않고 그보다 약간 낮게 유지된다.

밀봉된 과자 봉지 속에는 공기가 들어있어서 외부의 압력이 감소하면 보일-마리오트의 법칙에 따라 부피가 팽창할 수밖에 없다. 그래서 과자 봉지가 부풀어있는 것이다.

한편, 다 쓴 전구가 터지는 경우에는 또 다른 기체법칙인 '샤를의 법칙'이 적용된다. 이 법칙은 기체의 압력과 온도의 상관관계를 설명한다.

기체의 부피가 변하지 않는 경우, 온도가 상승하면 그에 비례해서 압력도 증가한다.

전구는 완전히 밀폐된 유리 플라스크로 내부에는 비활성 기체가 채워져 있다. 전구에 사용되는 유리의 두께는 정상적으로 사용될 때 가해지는 압력을 감안해서 결정된다. 그러나 전구를 오래 사용하면, 필라멘트가 매우 얇아져 평소보다 더 뜨겁게 가열된다. 그래서 샤를의 법칙에 따라 전구 내부의 압력이 증가하게 되고, 수명이 다하는 순간 전구는 터져버리고 말 것이다.

기체뿐 아니라, 고체와 액체도 온도가 증가하면 대체로 팽창한다. 다음에 다리를 지나게 되면 도로의 연결 지점을 유심히 살펴보길 바란다. 어떤 다리든 도로 위에 특수한 틈새가 존재하게 되어 있다. 이는 무더운 여름철에 다리가 약간 팽창하더라도 아스팔트가 손상되지 않도록 하기 위해 설계된 것이다.

다만 우리 일상에서 한 가지 매우 중요한 예외가 있다. 바로 물과 얼음이다. 기온이 떨어지면 물은 얼음으로 바뀌면서 부피가 팽창한다. 유리병을 물로 가득 채운 후 냉동실에 두면, 얼마 후 유리병은 팽창된 얼음으로 인해 깨질 것이다. 겨울이 다가오면 도로의 아스팔트 보수 공사를 하는 것도 같은 이유 때문이다. 금이 간 아스팔트를 꼼꼼히 메워두지 않으면 추운 날씨에 아스팔트의 틈새에 고인 물이 얼면서 팽창해 아스팔트를 손상시킬 것이고, 자칫 작은 틈새가 점점 커져 큰 사고로 이어질 수 있다.

우리 몸의 폐가 제대로 작동하는 이유는 보일-마리오트의 법칙 덕분이다. 횡격막 근육이 수축하면, 폐의 부피가 증가하면서 폐 내부의 압력은 떨어지게 된다. 그에 따라 신체 외부의 기압과 폐 내부의 압력 간에 차이가 발생하고, 이 차이를 보전하기 위해 코와 입을 통해 외부 공기가 폐로 유입되는 것이다.

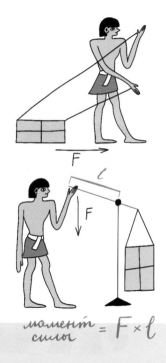

## 회전 운동 : 대걸레질 속 지렛대 원리

세상에 존재하는 다양한 모든 움직임은 두 가지 형태로 나뉜다. 직선 운동과 회전 운동이다. 직선 운동을 하는 물체는 모든 부분, 혹은 물리학 용어로 모든 지점이 같은 방향으로 움직인다. 직선 운동을 시작하려면 물체에 힘을 가해야 한다. 즉, 해당

물리학에서는 직선 운동을 생성하려면 힘이 필요하고, 회전 운동을 생성하려면 힘의 모멘트가 필요하다고 한다. 힘의 모멘트란 물체에 적용된 힘과 힘의 작용점과 회전축 간의 거리의 곱이다.

물체를 밀거나, 던지거나, 잡아당기거나, 때리거나 걷어차야 한다. 더 강한 힘이 가해질수록 물체는 더욱 빠른 속도로 직선 운동을 할 것이다. 지극히 단순하다.

회전 운동은 이보다 훨씬 흥미롭다. 물체의 모든 지점은 특정한 축을 중심으로 원을 그리며 움직인다. 문의 손잡이를 잡고 밀어보면 쉽게 문이 열릴 것이다. 문을 닫고 이번에는 문이 경첩으로 고정된 부근을 밀어보라. 문을 여는 데 훨씬 더 많은 힘이 든다.

사실 회전 운동에서는 물체에 적용되는 힘의 세기뿐 아니라 어느 지점에 힘이 적용되는지도 중요하다. 회전축에서 거리가 먼 지점을

밀수록(문의 경우 회전축은 경첩을 따라 수직 방향으로 존재한다) 문은 더 쉽게 열린다. 다시 말해, 회전 운동을 생성하는 데 더 적은 힘이 든다.

흥미롭게도 회전 운동에서는 힘과 거리가 둘 다 중요하기 때문에, 물체에 힘을 가하는 지점을 회전축에서 멀리 옮기기만 하면 강한 힘을 가하지 않고도 물체가 더 빠르게 회전하도록 할 수 있다. 이것이 바로 '지렛대의 원리'다.

예를 들어, 무거운 바위를 어떻게 뒤집을 수 있을까? 우리 힘으로 바위를 밀기에는 역부족

유명한 고대 그리스 과학자인 아르키메데스는 극적인 표현을 즐겨 사용했다. 그는 지렛대의 원리를 발견하고는 이렇게 외쳤다. "내게 받침점만 준다면 지구라도 뒤집을 수 있다!" 즉, 충분히 긴 지렛대와 받침점이 있다면 지구를 뒤집는 데 한 사람의 힘으로도 가능하다는 뜻이다. 단지 사고 실험이었을 뿐이어서 다행이라 해야겠다.

이다. 그렇다면 기다란 막대를 바위 아래에 끼워 넣은 다음 그 막대 아래를 단단한 물체로 받치고 반대쪽 끝을 누르면 된다. 우리는 엄청난 힘을 들이지 않고도 회전축으로부터 멀리 떨어진 지렛대 한쪽 끝으로 바위를 뒤집을 수 있다.

일상에서 지렛대는 얼마든지 찾아볼 수 있다. 삽의 자루가 길면 훨씬 수월하게 땅을 팔 수 있다. 삽으로 흙더미를 뒤엎는 것 역시 회전운동의 일종이기 때문이다. 긴 손잡이가 달린 정원용 가위나 절단기를 이용하면 굵은 나뭇가지나 전선을 손쉽게 잘라낼 수 있다. 녹슨 나사를 풀 때도 스패너를 더 힘주어 당길 필요 없이 그저 파이프 따위

를 손잡이에 덧대어 길게 만들어주면 나사를 쉽게 풀 수 있다.

　바닥을 청소할 때도 지렛대 원리가 적용된다. 대걸레의 자루 윗부분을 양손으로 잡는 것보다 한 손으로 자루의 중간을, 다른 손으로 끝부분을 잡고 움직이면 훨씬 쉽다. 한 손이 받침점 역할을 하고 다른 손으로 힘을 가하는 것이다. 두 손이 더 많이 떨어져 있을수록 힘이 적게 든다.

## 파스칼의 법칙 : 코끼리를 들어 올리는 법

바늘로는 두꺼운 천을 뚫을 수 있지만 손가락으로는 뚫을 수 없는 이유는 무엇일까? 물론 바늘 끝은 뾰족하지만 손가락은 뾰족하지 않기 때문이다. 그런데 물리학의 관점에서 '뾰족하다'는 것은 어떤 의미일까? 우리가 바늘에 가하는 힘은 모두 바늘 끝의 매우 좁은 면적에 집중된다. 즉, 약한 힘이라도 매우 좁은 면적에 적용된다면 엄청난 압력을 가하게 되어 바늘로 찌르고 칼로 자를 수 있다.

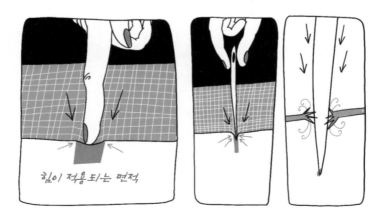

힘이 적용되는 면적

**블레즈 파스칼**
**(Blaise Pascal, 1623~1662)**
블레즈 파스칼은 인류 역사상 가장 위대한 천재 중 한 사람이다. 수학 분야에서 파스칼은 확률론과 수학적 분석의 기반을 닦았으며, 그가 발명한 최초의 기계식 계산기는 개량된 형태로 20세기까지도 사용되었다. 물리학 분야에서는 유체역학의 기본 법칙을 발견했고, 유압프레스의 개념을 제안했으며, 대기압의 존재를 확인했고, 진공의 존재를 증명했다. 또한 정기적으로 운행하는 대중교통을 최초로 제안한 인물이기도 하다. 파스칼은 40년이 채 안 되는 일생 동안 병마와 싸우며 이 모든 업적을 이루어냈다.

압력이란 해당 면적에 적용되는 힘이다.

즉, 힘을 더 들이지 않고도 더 강한 압력을 가하고 싶다면 압력을 가하는 면적을 줄이면 된다. 반대로 압력을 최대한 줄이려면 면적을 확대하면 된다. 가령 얼어붙은 웅덩이의 얼음을 깬다고 해보자. 얼음이 꽤 두껍다면 그냥 발로 쿵쿵 밟아서는 깨지지 않을 것이다. 하지만 끝이 뾰족한 막대가 있다면 일이 훨씬 수월해진다. 얼음을 깬 다음 계속 겨울 산책을 하다가 이번에는 얼어붙은 연못 위를 걷는다. 그런데 갑자기 발아래의 얼음에 금이 가서 당장이라도 깨질 것 같다. 얼음이 더 이상 깨지지 않도록 얼른 얼음을 누르는 압력을 줄여야 하지만 몸 무게를 갑자기 줄일 수는 없는 노릇이다. 대신 얼음과의 접촉 면적을 크게 하면 되므로, 그럴 때는 양팔을 벌리고 얼음 위에 엎드린 채 천천히 물가로 기어가면 된다. 이런 식으로 얼음에 가하는 압력을 줄이면 아마 차가운 얼음물에 빠질 위험은 없을 듯하다.

압력은 고체뿐 아니라 기체나 액체에도 적용된다. 여기서 '파스칼의 법칙'이 등장한다.

액체나 기체에 압력이 가해지면 모든 방향의 각 지점에 동일한 크기로 전달된다.

압력이 모든 방향으로 전달된다는 사실의 중요성을 이해하기 위해 사고 실험을 진행해보자. 물이 채워진 두 개의 실린더가 있다. 두 실린더의 반지름의 차이는 20배다. 작은 실린더 위에는 무게가 10킬로그램인 추가 있고 큰 실린더 위에는 코끼리 한 마리가 있다고 가정했을 때, 추와 코끼리가 평형을 유지하려면 코끼리의 무게는 얼마면 될까?

놀랍게도 정답은 4톤이다. 이는 두 실린더의 액체가 평형을 이루는

데 필요한 무게다. 작은 실린더 위의 추를 조금 더 무겁게 하면(또는 피스톤으로 살짝 눌러주면), 4톤짜리 물체를 들어 올릴 수 있다는 뜻이다. 그 이유는 작은 실린더 위의 작은 추가 액체를 누르는 압력이 파스칼의 법칙에 따라 큰 실린더로 그대로 전달되어 더 넓은 면적에 동일한 압력이 적용되기 때문이다. 그래서 두 실린더가 동일한 높이를 유지하려면 큰 실린더 위로 엄청난 힘(또는 육중한 덩치의 코끼리)이 실려야 한다.

이러한 구조는 18세기 말 영국의 조셉 브라마가 고안했으며, 유압프레스라고 불린다. 유압프레스를 사용하면 상대적으로 적은 힘을 들여 엄청난 하중의 물체를 들어 올리거나 강하게 압축할 수 있다. 브라마의 발명품 가운데 가장 널리 사용되는 것은 유압 브레이크로, 모든 자동차와 많은 종류의 자전거에 활용되고 있다.

페달을 살짝 밟기만 하면 액체로 채워진 파이프 구조를 통해 넓은
면적의 피스톤에 압력이 전달되어 브레이크에 훨씬 강한 힘을 가하
게 된다.

**조셉 브라마**
**(Joseph Bramah, 1748~1814)**
조셉 브라마는 과학자가 아니라 발명가였다. 유
압프레스 외에 지금까지도 사용되는 그의 발명
품으로는 자물쇠와 현대의 비행기에 설치된 공
압식 변기가 있다. 그는 지폐마다 고유번호를
기재하는 지폐 인쇄 방식도 고안했으며 최초의
자동 소총을 개발하기도 했다.

바다에서 잠수를 한다고 해보자. 물속 2미터 깊이까지 내려가면 몸

전체와 특히 귀에 가해지는 압박이 확실히 느껴지기 시작할 것이다. 특수한 잠수 장비 없이 훨씬 깊은 물속으로 내려간다면 위로부터 가해지는 수압으로 잠수부의 몸은 완전히 찌그러지고 말 것이다. 그렇다면 바다 대신 좁고 긴 파이프가 달린 특수한 형태의 수조에서 잠수를 한다면 어떨까?

잠수부의 몸을 위에서 압박하는 물의 깊이가 바다와 동일하더라도 물의 부피는 좁은 파이프 때문에 바다에서보다 훨씬 작을 것이다. 이때 잠수부가 받는 압력은 어떻게 달라질까?

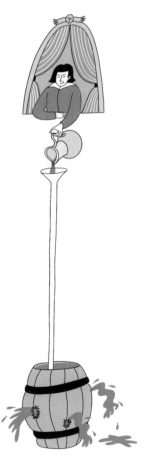

상식적으로는 위에서 몸을 압박하는 물의 양이 적으면 압력도 덜할 것이라고 생각하기 쉽다. 그러나 물리학에서 상식은 틀린 답으로 이어질 때가 많다.

액체 내의 압력은 오직 액체의 높이(즉, 잠수부가 얼마나 깊은 물속에 있는지)와 관련이 있으며, 액체의 부피와는 전혀 무관하다. 따라서 이 사고 실험에서 잠수부가 느끼는 수압

73

의 세기는 수조 위의 파이프의 굵기와 관계가 없다.

　이러한 현상은 '정수압의 역설'이라고 불리며, 17세기 프랑스의 수학자 블레즈 파스칼이 실험을 통해 명확히 증명했다. 파스칼은 물을 가득 채운 단단한 나무통에 기다란 파이프를 끼워 넣고 위층으로 올라가 파이프에 물을 부었다. 높은 물기둥의 압력으로 나무통은 산산조각이 났고 지켜보던 관중들은 환호했다.

이러한 실험 따위에 점차 흥미를 잃은 파스칼은 종교적 계시를 체험하면서 과학을 버리고 도덕을 주제로 철학 관련 저술 작업을 시작했다. 파스칼은 자신의 이름을 딴 법칙뿐 아니라, '어떻게 살 것인가'라는 질문에 답을 제시하는 그 유명한 『팡세』의 저자로도 후대에 이름을 남겼다.

## 열역학 법칙과 더러운 양말

　인류에게는 아주 오랜 꿈이 있다. 바로 연료나 인간의 노동을 들이지 않고, 공기나 토양을 오염시키지도 않으면서 스스로 작동하는 기계를 발명하는 것이다. 말하자면 영구적인 운동이 가능한 기계를 개발하는 것이다. 수 세기에 걸쳐 수천 가지의 다양하고 창의적인 기계 장치가 등장했지만, 어떤 것도 궁극적으로 영구기관으로 인정받지 못

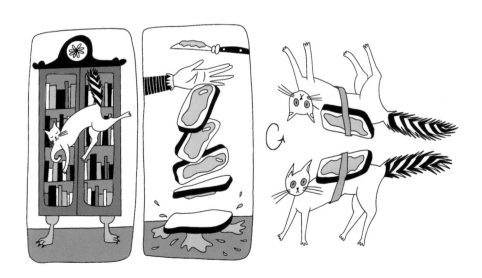

했다. 그 이유는 열역학 법칙에 따르면 영구기관이란 애초에 불가능하기 때문이다. 알다시피 물리학 법칙은 무시하거나 피해갈 수 없다.

열역학은 대규모 시스템(계)의 에너지와 그 변환에 대해 연구하는 물리학의 한 분야다. 여기서 대규모는 '초거대 규모'를 의미하기도 한다. 예컨대 별, 은하계, 심지어 우주 전체를 하나의 열역학 시스템으로 볼 수 있다. 한편 기체가 든 유리병 또한 대규모 시스템이다. 유리병 안에는 열역학 법칙을 따르는 수십억 개의 기체 분자가 들어있기 때문이다. 이때 우리가 시스템 내의 개별 입자의 움직임은 파악하지 못하지만 입자들의 집단적인 양상은 판단할 수 있다는 점이 중요하다. 열역학 법칙은 세 개의 법칙으로 구성되는데, 일상생활에서 우리는 그중 두 법칙을 날마다 접한다.

열역학 제1법칙에 따르면, 에너지를 소모하지 않고는 어떤 일도 할 수 없다.

사실 우리는 '거의 영구적인 기관'은 제작할 수 있다. 다만 이를 위해서는 미래의 인류가 소비하고도 남을 만큼 무궁무진한 에너지원이 필요하다.

즉, 제1법칙은 에너지 보존의 법칙이다. 쓸모가 있든 없든 무언가를 하려면 일을 해야 하고, 일한다는 것은 곧 에너지를 소모하는 것이다.

열역학 제2법칙에 따르면, 닫힌계 내의 엔트로피, 즉 '무질서함'은 항상 증가한다.

구르는 돌에는
이끼가 끼지 않는다.

열역학 제2법칙이 어떻게 적용되는지는 일상에서 쉽게 볼 수 있다. 새 양말 한 상자를 가져다가 일주일간 평소대로 사용해보자. 다만 다 쓴 양말을 벗고 나면 따로 치우지 않는다. 즉, 양말을 치우려는 어떠한 노력이나 일도 하지 않는 것이다. 일주일이 지나면 양말이 한 켤레도 남김없이 집 안 여기저기에 널브러져 있다는 사실을 알게 될 것이다. 혼돈(카오스)은 언제나 스스로 증가하며, 어지러운 집 안의 질서를 되찾으려면(즉, 엔트로피를 감소시키려면) 에너지를 소모해야 한다. 어떠한 계든 그 자체는 혼돈을 극대화하려는 경향이 있다. 우리가 집 안의 질서를 되찾는 다른 방법이 있다. 더러운 양말을 굳이 치우지 않고, 대신 각각의 양말이 집 안의 어느 위치에 있는지 기록하거나 기억하는 것이다.

　그렇게 되면 다른 사람이 보기에는 집 안이 그야말로 혼돈 상태지만, 집주인에게는 더 이상 혼돈이 아니다. 아마 주변에서 방 안이 난장판인데도 언제나 필요한 물건이 어디 있는지 재빨리 찾아내는 사람을 본 적이 있을 것이다. 이 경우 외부의 관점에서만 혼돈 상태로

열역학 법칙은 우리 일상의 거의 모든 것을 지배한다. 우리 자신과 우리를 둘러싼 모든 사물이 엄청난 수의 분자로 이루어진, 이른바 과학 용어로 '거시체계'이기 때문이다.

보일 뿐이지, 집주인의 관점에서는 모든 것이 질서정연한, 즉 엔트로피가 매우 낮은 상태가 되는 것이다.

기체가 든 유리병으로 돌아가자. 유리병 속의 기체 분자들은 자유롭게 움직인다. 이때 병에 열이 가해지면, 분자들은 더 빠르게 움직일 것이다. 뜨거운 기체와 차가운 기체의 차이는 분자의 운동 속도뿐이다. 그런데 여기서 흥미로운 사실이 있다. 모든 분자가 같은 속도로 움직이지 않는다는 점이다. 뜨거운 기체에서조차 움직임이 '더딘' 분자들은 거의 미동을 하지 않는다. 마치 신나는 디스코 음악이 흘러도 벽에 딱 붙어선 채 춤추지 않는 사람들처럼 말이다.

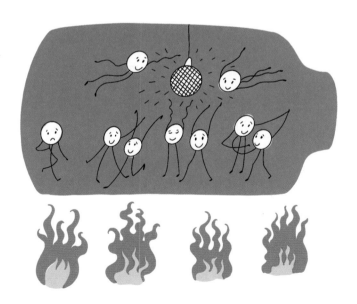

**제임스 맥스웰**
**(James Maxwell, 1831~1879)**
"어떤 분야든 탐구하지 않고 내버려 두는 일은 결코 없을 것. 이것은 내가 오랫동안 품어온 원대한 계획이다… 어떤 대상도 신성하고 확고한 진실의 '성역'이 되어서는 안 된다. 그것이 참이든 거짓이든." 스코틀랜드의 과학자 제임스 맥스웰은 어린 시절 품었던 이 원칙을 평생 유지했다. 오랫동안 과학계에서는 열역학 및 기체 분자 운동론이 맥스웰의 주요 업적으로 여겨졌다. 맥스웰 사후 20세기에 들어서야 전자기학 분야에서 그가 제시한 개념들의 진정한 의미를 이해하게 되었다. 아인슈타인은 "상대성 이론은 전자기장에 관한 맥스웰 방정식을 기반으로 한다."라고 말했다.

19세기 후반에 스코틀랜드의 물리학자 제임스 맥스웰은 열역학 제2법칙과 관련해 '악마'라는 가상의 존재를 제시했고, 이는 훗날 '맥스웰의 악마'라고 불리게 되었다. 기체가 들어있는 방을 둘로 분리해서, 가운데 벽에 달린 작은 문 근처에 이 악마가 앉아있다고 가정한다. 빠르게 움직이는 분자가 문 가까이에 나타날 때마다 악마는 문을 열어 옆방으로 넘어가게 하고 느린 분자는 원래의 공간에 남게 한다. 점차 한쪽 방에는 빠른 속도의 분자가 늘어나서 그에 따라 방 안의 온도가 상승할 것이고, 다른 방은 온도가 내려갈 것이다. 그렇게 되면 매우 근사한 일이 일어난다. 한쪽 방의 기체는 점점 뜨거워지지만 다른 방이 이 열기를 식힐 수 있는 것이다. 게다가 문을 여닫는 일은 무시할 수 있는 정도의 일이기에 거의 에너지를 소모할 필요가 없게 된다.

맥스웰이 이 악마라는 존재를 제시한 의도는 그것이 불가능하다는 점을 명확하게 보여주려는 것이었다. 결국 악마는 외부의 관찰자에게는 그야말로 혼돈 상태인 집에서 모든 물건의 위치를 정확히 파악하는 집주인과 같다. 다시 말해 악마는 모든 분자의 위치를 파악한다는 것이다. 악마가 문을 열 것인지 판단하려면 각각의 분자가 문 가까이에 있는지 여부(즉, 분자의 공간적 위치)와 분자의 속도를 알아야

하기 때문이다. 그리고 악마가 분류해 나감에 따라 악마의 관점에서 방 안의 무질서도는 감소하게 된다. 그러나 이는 열역학 제2법칙에 위배된다.

이 법칙에 따르면 관찰자가 내부에 있든 외부에 있든 상관없이 계 내부의 무질서도는 저절로 감소할 수 없다. 그러므로 맥스웰의 악마는 분자들을 분류하면서 점점 더 많은 실수를 하게 되어, 궁극적으로 어떠한 유용한 성과도 낼 수 없게 될 것이다.

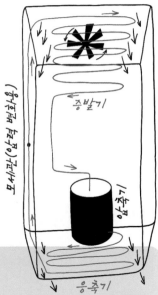

차가운 공기를 분산시키는 팬

증발기

압축기

냉각 코일(방열판)

응축기

냉장고의 구조를 보면, 기체는 펌프식 압축기로 압축되어 온도가 상승했다가 급격하게 팽창하며 냉각되는데 이때 냉장실의 열을 식혀준다. 이렇게 다시 기체가 압축되고 냉각되는 과정을 반복한다. 결국 압축기를 가동하는 전동기 없이는, 즉 에너지가 소모되지 않고는 전체 시스템은 작동하지 않을 것이다.

안타깝지만 방 청소는 해야 한다. 엔트로피를 줄이려면 에너지를 소모해야 하기 때문이다. 액체의 엔트로피가 고체의 엔트로피보다 높은데, 그 이유는 액체 내의 분자들이 고체에서보다 움직임이 자유로워서 더욱 무질서하기 때문이다. 액체 상태의 물질을 고체 상태로 변환하면, 예를 들어 물을 얼리면 엔트로피가 감소하겠지만 결국 물을 얼리는 데 에너지가 필요하다.

## 정역학 :
## 어떻게 지어야 무너지지 않을까?

　　현대의 모든 건물이나 다리의 이면에는 정밀한 계산이 숨어있다.
엔지니어들은 최소한의 건축 자재로 구조물의 강도를 유지하려고 노
력한다. 또한 지진, 태풍, 폭설 같은 온갖 종류의 재난 상황도 고려해
야 한다. 구조물은 이 모든 부하를 견디고 붕괴되지 않아야 한다. 다
행히도 정역학과 재료의 강도에 관한 연구 덕에 오늘날 우리는 놀랄
만큼 복잡하고도 아름다운 건축물과 다리를 건설할 수 있게 되었다.

종이 한 장, 직육면체 나무 블록 두 개, 가위, 접착제를 가지고 두 블록 사이에 종이 다리를 만들어 보자.

두 블록 사이에 종이를 그냥 얹어 놓기만 하면 약간의 부하에도 종이는 휘어버리므로 이런 다리는 쓸모가 없다. 하지만 종이를 돌돌 말아 접착제로 붙여서 파이프처럼 만들어 두 블록 사이에 올리면 다리의 강도가 훨씬 높아져서 작은 무게쯤은 견딜 수 있게 된다. 하지만 여기에도 더 큰 압력을 가하면 종이 파이프는 가운데가 구부러지고(붕괴되고) 말 것이다. 이러한 구조는 외관상의 결함에도 불구하고 가장 흔한 형태의 다리 구조이며, 형교(거더교)라고 불린다. 이 구조는 건설이 용이하고 비용이 저렴한데, 중요한 점은 지지대의 간격이 너무 크지 않아야 한다는 것이다.

이미 눈치챘겠지만, 수평으로 놓인 종이 파이프 역시 쉽게 구부러진다. 하지만 파이

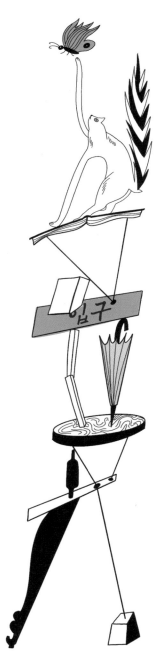

프를 수직으로 세워서 손바닥으로 위에서 눌러보면 구부리기가 그리
쉽지 않다. 그리고 양쪽으로 잡아당겨서 찢기는 더더욱 힘들다. 따라
서 파이프 구조는 가운데에 압력을 가해서 구부리는 경우에 비해 양
쪽에서 압력을 가하거나(압축 하중) 잡아당길 때(인장 하중) 훨씬 더 강
하게 버틴다는 사실을 알 수 있다.

　이 지식을 다리를 건설하는 데 어떻게 활용할까? 우리는 구조물의
각 부분이 압축되거나 늘어날 수는 있지만 구부러지지는 않도록 설
계해야 한다. 이러한 구조의 가장 단순한 형태는 세 개의 빔이 서로
연결된 삼각형 구조다. 이 삼각형의 한 변에 압력을 가하면 부하가 다
른 두 변으로 전달되고, 그 두 변이 늘어나면서 압력을 받는 쪽을 압

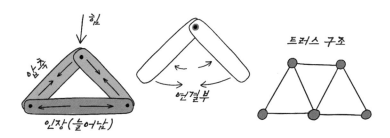

축하게 된다. 이러한 삼각 구조를 여러 개 연결하면 트러스 구조가 형성된다.

이런 식으로 삼각형 파이프를 만들어 블록 사이에 놓으면 종이로 만든 다리라도 몇 킬로그램의 무게는 거뜬히 견뎌낸다.

열차가 지나는 철교를 대부분 강철 트러스로 짓는 이유는 열차의 무거운 하중을 견뎌야 하기 때문 이다.

트러스 구조를 뜻하는 러시아어 'Ферма(페르마)'는 농장이라는 뜻도 있지만 서로 연결된 빔들로 이루어진 튼튼한 구조물을 의미하기도 한다. 이 단어는 'firmus', 즉 '튼튼한'이라는 라틴어에서 유래한다. 트러스 구조물의 형태는 다양하다. 매우 복잡하면서도 우아한 파리의 에펠탑이나 러시아의 위대한 엔지니어가 설계한 걸작, 모스크바의 슈코프 타워도 트러스 구조다.

종이 파이프로 다리를 만드는 또 다른 방식은 파이프를 부러지지 않을 정도로만 살짝 구부려서 양 끝을 나무 블록에 단단히 고정하는 것이다. 이것이 아치 구조다. 아치 구조는 가해지는 하중이 파이프

아치형 지붕(궁륭, 볼트$^{vault}$)은 아치 구조의 친척쯤 된다. 이 구조는 3차원적인 아치 구조 같은 형태로 원리는 동일하다. 아치형 지붕을 구성하는 벽돌이나 석재는 재료 자체의 하중과 지붕의 하중에 의해 압축되지만 구부러지지는 않는다. 아치형 지붕도 어디서나 볼 수 있다. 교회와 모스크에 흔히 아치형 지붕이 쓰이는데, 참 아름다우면서도 튼튼하다.

를 구부러뜨리지 않고 압축하기 때문에 이 또한 매우 튼튼한 구조다.

아치 구조는 고대 그리스 시대부터 사용되었다. 현존하는 가장 오래된 다리 중 하나가 바로 아치교로, 약 3300년의 역사를 자랑하며 지금도 그리스에 존재한다. 고대 로마와 중세 시대의 다리도 모두 아치형이며, 현대에도 흔히 아치형 다리를 건설하고 있다. 여러분이 사는 지역에도 아치형 다리가 있는가?

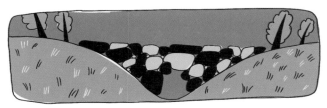

아르카디코 다리(현존하는 가장 오래된 고대 그리스의 다리)

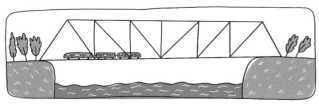

트러스 구조

아치 구조

## 쿨롱의 법칙 : 번개를 피하는 방법

우리 주위의 사물은 머릿속으로 쉽게 그려볼 수 있고 직접 느낄 수 있다. 우리는 손으로 물체의 무게와 온도를 감지하며, 부피와 속력은 눈으로 감지할 수 있다. 그러나 현실은 우리의 감각으로 알 수 있는 것보다 훨씬 더 복잡하다. 우리가 사는 세상을 구성하는 물질은 인간이 감지할 수 없는 성질도 지니고 있다. 전하를 예로 들어보자. 인간의 감각으로는 어떤 물체가 전하를 띠는지 감지할 수 없다. 전하의 존재 여부는 오직 다른 물체에 대한 해당 물체의 움직임을 통해서만 판단할 수 있고, 인간의 사고 능력으로 그 작동 원리를 이해하게 되는 것이다.

인간에게는 전하의 존재를 감지하는 신체 기관이 없다. 하지만 전기에 감전되면 극심한 고통을 느낄 뿐 아니라 심지어 사망에 이를 수도 있다는 사실은 누구나 알고 있다. 전류란 사실 전하를 띤 입자(대전 입자)의 흐름이며, 우리의 신체는 그 흐름을 감지할 수 있다. 대전

**샤를 오귀스탱 드 쿨롱**
**(Charles Augustin de Coulomb, 1736~1806)**

샤를 오귀스탱 드 쿨롱은 요새를 건설하던 군사 공학 전문가였다가 과학자가 되었다. 쿨롱은 공학 분야의 경험을 바탕으로 과학적 연구를 진행했다. 그는 1784년에 매우 약한 상호 작용의 크기를 측정할 수 있는 비틀림 저울을 발명했다. 이 저울을 이용한 실험을 통해 대전 입자 간의 상호 작용을 측정해냈고 그 유명한 '쿨롱의 법칙'을 발견했다.

입자가 움직이지 않는 경우, 우리는 전하가 생성하는 다른 물질의 움직임을 통해서만 전하의 존재를 간접적으로 알 수 있다. 따라서 우리는 전하를 체감할 수는 없지만 전하로 인한 인력은 매우 잘 느낄 수 있다. 풍선을 머리카락에 대고 문질러보면 된다. 갑자기 머리카락이 접착제라도 묻은 듯 풍선에 달라붙기 시작할 것이다. 왜 이런 현상이 나타날까?

이 현상을 이해하려면 대전 입자 자체, 즉 전자와 양성자가 무엇인지 이해할 필요가 있다. 원자의 중심핵에는 질량이 큰 양성자와 중성자들이 존재하고 가벼운 전자들은 그 주위에 퍼져있다.

표준 상태에서 각 원자에는 음전하를 띤 전자 및 양전하를 띤 양성자가 동일한 수로 존재한다. 따라서 원자의 총 전하량은 0이 되어 중성을 띤다. 그러나 일부 원자는 전자가 핵과 느슨하게 결속되어 전자가 원자로부터 분리되어 떨어져 나갈 수 있다. 그러면 원자 내의 양전하 수가 더 많아지므로 전하 균형이 깨지면서 원자는 양전하를 띠게 되고, 반면에 자유로워진 전자(자유 전자)가 이동한 곳에는 음전하가 축적된다.

대전 입자는 서로 다른 극끼리 끌어당기고, 같은 극이면 밀어내는 중요한 성질을 지닌다.

쿨롱의 법칙은 이 대전 입자 간의 상호 작용의 크기를 설명한다. 이 법칙은 뉴턴의 만유인력의 법칙과 상당히 유사하며, 다만 물체 대신 전하에 대해 적용될 뿐이다.

p-오비탈

d-오비탈

d-오비탈

원자 구조의 초기 모델 중 하나는 태양계와의 유사성에 착안해 행성 모델이라 불렸다가, 훗날 전자의 형태가 작은 구형이 아니라 오히려 흐릿한 구름 형태와 유사하다는 사실이 밝혀졌다.

풍선을 머리카락에 대고 문지를 때, 머리카락의 전자가 풍선의 고무 표면으로 이동한다. 그러면 음전하가 풍선 표면에 축적되고, 머리카락은 양전하를 띤 상태가 된다. 쿨롱의 법칙에 따르면, 그 결과 머리카락이 풍선에 들러붙기 시작한다. 풍선을 더 세게 문지른 후 천천히 머리에서 떼어내 보면, 약하게 찌직거리는 소리를 들을 수 있다. 머리카락에서 풍선으로 넘어간 많은 수의 전자들이 이번에는 서로 다른 극을 띠는 머리카락으로 이끌리기 시작한다. 이때 전자들을 끌어당기는 힘(인력)이 얇은 공기층을 뚫고 순간적인 방전을 일으키며 특유의 찌직거리는 소리를 내는 것이다. 번개가 칠 때도 같은 현상이 발생한다. 이때는 머리카락과 풍선 대신 구름이 서로를 문지른다. 구름에 축적된 엄청난 양의 전하가 절연된 공기층을 뚫고 지표면으로 돌진하면서 강력한 전류가 형성되는 것이다. 이것이 번개다.

우리는 전자가 가진 전하를 '음전하(negative charge)', 양성자가 가진 전하를 '양전하(positive charge)'라고 부르기로 합의했다. 이는 전자의 전하가 '나쁘다'거나 양성자의 전하가 '좋다'는 의미가 전혀 아니며, 그저 과학자들이 이 반대되는 개념을 사용하는 것이 편리하다고 여겼을 뿐이다.

아주 오래전부터 번개는 화재를 일으키곤 했다. 사람들은 번개를 피할 방안을 모색하다가, 번개가 대체로 홀로 우뚝 솟은 나무나 뾰족한 첨탑이 있는 높은 건물을 친다는 사실을 알게 되었다. 18세기 중반에 두 명의 걸출한 과학자였던 벤저민 프랭클린(Benjamin Franklin)과 미하일 로모노소프(Mikhail Lomonosov)는 각각 독자적으로 번개 문제를 종식시킬 방안을 찾아냈다. 피뢰침을 발명한 것이다.

**벤저민 프랭클린**(Benjamin Franklin, 1706~1790)은 과학자인 동시에 정치가로 활약했고 미국의 헌법 제정자들 가운데 한 사람이었다. 프랭클린의 초상화는 지금도 미국 100달러 지폐에서 볼 수 있다.
**미하일 로모노소프**(Mikhailo Lomonosov, 1711~1765)는 과학 및 문학 분야에 많은 족적을 남겼다. 특히 그는 모스크바에 러시아 최초의 대학을 설립했으며 훗날 이 대학에 그의 이름이 붙여졌다.

피뢰침은 건물의 첨탑 같은 가장 높은 위치보다 약간 더 높게 설치된 금속 막대로, 전선을 통해 땅속 몇 미터 아래로 묻어둔 다른 금속 막대로 연결된다. 번개가 칠 때 건물 꼭대기의 막대가 전자의 흐름을 받아들이고 전류가 연결된 전선을 따라 땅속으로 흘러 들어가고 나면 더 이상 위험하지 않게 된다. 이러한 방식으로 건물은 피해를 입지 않는 것이다.

땅속에 있는 전하를 저장하는 특수 장치를 축전기 혹은 콘덴서라고 부른다. 축전기는 전하의 이동을 막아주는 유전체로 분리된 여러 개의 금속판으로 구성된다. 전자는 이 금속판에 축적되고 스위치를 켜서 전하가 이동할 수 있는 전도체를 통해 금속판들이 서로 연결되면 한꺼번에 전류를 방출할 수 있게 된다. 축전기는 텔레비전부터 휴대 전화에 이르기까지 거의 모든 전자기기에 내장되어 있으며, 대용량 축전기는 전기 버스에도 활용된다.

# 옴의 법칙 : 왜 콘센트에 손가락을 집어넣으면 안 될까?

사람들은 흔히 이 지구상에 존재하는 모든 미스터리를 오래전에 해결해 냈다고 생각하지만, 그렇다고 해서 또 다른 정복할 대상을 찾으러 굳이 머나먼 별로 날아갈 필요는 없다. 전기가 없는 우리의 삶은 상상할 수조차 없기에 우리는 전기에 관한 모든 것을 알고 있어야 할 것처럼 보인다. 하지만 여전히 전기와 관련된 현상들 중에는 과학적

**마이클 패러데이**
**(Michael Faraday, 1791~1867)**
전자기 유도 현상은 19세기에 영국의 과학자 마이클 패러데이가 발견했다. 같은 영국인인 뉴턴이 이론 물리학의 대가라면, 패러데이는 물리학 역사상 가장 뛰어난 실험가였다. 패러데이는 전기와 자기의 상관관계를 이해하려고 끊임없이 다양한 장치들을 고안했다. 하지만 더욱 중요한 사실은 그가 실패한 실험조차 꼼꼼히 그 결과를 기록해 두었다는 점이다. 실험 일지에 기록된 그의 마지막 실험은 무려 16,041번째였다. 패러데이는 최초의 전동기, 변압기, 발전기를 만들었다. 우리 주위의 전기를 이용하는 모든 장치는 다 그의 발견 덕택이다.

으로 설명할 수 없는 것들이 있다. 그중 하나가 구형번개다. 구형번개는 이따금 대기 중에 나타나는 구형의 발광체로 이상한 궤적을 따라 움직인다. 아무도 실험실 조건에서 이를 재현해 내지 못했고, 왜 이러한 현상이 발생하는지 일반적으로 인정되는 이론도 없다.

우리는 정지된 전하를 마주할 일이 거의 없고 직접적으로 전하를 느낄 수도 없다. 그러나 움직이는 대전 입자들의 흐름은 도처에 존재하며 우리 몸에 영향을 미치기도 한다. 이 장에서 우리는 전류에 대해 알아볼 것이다.

어떤 종류의 전선이든 자유 전자는 마치 파이프 내의 기체 분자처럼 전선 내부에서 끊임없이 움직인다. 전자의 운동은 불규칙하다. 즉, 입자들은 무작위로 모든 방향으로 움직인다. 그러나 파이프에 연결된 펌프를 작동하면 기체 분자들이 파이프를 따라 한 방향으로 이동하게 되는 것처럼, 전선 내의 전자들도 한 방향으로 흐르게 할 수 있다.

전류의 공급원은 여러 종류인데, 우리에게 친숙한 건전지와 축전지는 화학적 공급원이다. 이 경우 전자를 한 방향으로 밀어내는 힘은 화학 반응에 따라 발생한다. 광전지는 빛을 이용해서 전류를 생성한다. 하지만 가장 흔하고 강력한 공급원은 발전기다. 발전기 내부에 둥글게 감긴 구리 도선은 자석의 양극 사이에서 회전하며, 그 결과 전선

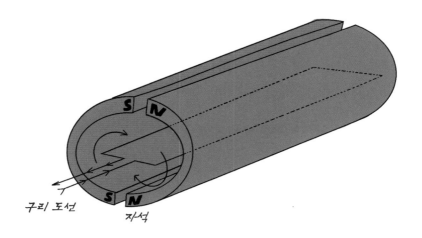

구리 도선

자석

**게오르크 옴**
**(Georg Ohm, 1789~1854)**
독일의 과학자인 옴은 수학에 더욱 심취했지만 물리학자로 역사에 이름을 남겼다. 옴의 법칙은 세 가지나 있다. 학교에서 물리학을 배웠다면 누구나 전류와 전압의 상관관계에 대한 법칙을 알고 있을 것이다. 하지만 같은 형태의 옴의 법칙 중에는 자속 및 자기 회로에 관한 법칙뿐 아니라 음향 진동의 전파에 관한 법칙도 있는데, 이 경우 전압은 압력진동의 진폭에 해당하고, 저항은 매개체에서의 음속과 밀도의 곱에 해당한다.

내부에 전류가 발생한다. 이 현상을 '전자기 유도'라고 한다. 즉, 도체를 고리 형태로 만들어 자석 가까이에서 회전시키면 고리 내부의 자기장이 변화하면서 도체 내에 전류가 생성되는 원리다.

전선 내의 전자의 흐름은 파이프 내부의 물의 흐름에 비유되기도 한다. 이러한 비유는 완전히 정확하지는 않지만, 전기 공학의 기본 개념을 이해하는 데 도움이 된다. 초당 물이 흐르는 양은 전류의 세기에 해당한다. 펌프가 파이프 내에 가하는 압력의 세기에 따라 물은 빠르거나 느리게 흐를 수 있다. 전압은 그러한 압력에 해당한다. 파이프가 매우 가늘다면 압력이 강하더라도 흐르는 물의 양은 적을 것이다. 반면에 굵은 파이프라면 유속이 느리더라도 많은 양의 물을 통과시킬 수 있다. 파이프의 굵기는 전기 공학에서 도체의 저항에 해당한다. 전류, 전압, 저항이라는 세 가지 값은 '옴의 법칙'이라는 간단한 공식으로 서로 연결된다.

옴의 법칙에 따르면, 전류의 세기는 전압에 정비례하고 저항에 반비례한다.

물의 흐름에 대한 비유를 써서 다음과 같이 표현할 수 있다. 파이프를 따라 흐르는 물의 양은 유속, 즉 펌프가 가하는 압력이 클수록 많아지며, 파이프 내부가 막혀 있을수록 액체가 통과하기는 더 어려울 것이므로 흐르는 물의 양은 줄어든다. 이와 마찬가지로 전자는 망간이나 비스무트같이 전도성이 좋지 않은 금속은 통과하기가 어렵지만

물론 전류를 파이프 내부의 물로 비유하는 방식은 매우 제한적이다. 가령 전류가 거의 빛의 속도에 가깝게 전선을 따라 이동하는 이유는 액체나 기체로는 어떤 식으로든 설명하기가 곤란하다. 하지만 일상적인 수준에서 전기를 다룰 때 이 비유를 염두에 둔다면 꽤 쓸만하다.

저항이 낮은 금속 재질의 전선 내부에서는 쉽게 이동한다. 그래서 전선은 주로 전도성이 좋은 구리나 알루미늄이 사용된다. 사실 은이 구리보다 전도율이 더 높지만, 비용이 많이 들어서 전선의 소재로 쓰이지는 않는다.

우리 몸의 80퍼센트를 구성하는 염분이 있는 체액은 훌륭한 도체가 된다는 사실을 항상 유념해야 한다. 옴의 법칙에 따르면, 가정에서 쓰이는 표준 전압인 220볼트에서 전류가 인간의 몸을 통과하게 되면 매우 강력해진다. 바로 이 강한 전류가 사람의 생명을 앗아갈 수 있는 것이다. 이렇게 감전됐을 때 엄청나게 고통스럽기만 하면 다행이고, 최악의 경우 목숨을 잃게 된다. 그러므로 노출된 전선으로 작업을 할

때는 절대 전선 두 가닥을 양손으로 만지면 안 된다. 그러면 닫힌 전기 회로가 형성되어 전류가 신체를 관통해 사망할 수 있다. 또한 이때 발이 바닥에 붙어있게 되면 전류는 손에서부터 발을 통해 바닥으로 흘러 땅속에 이르게 된다. 그래서 전기 기술자들은 언제나 두꺼운 고무 밑창으로 된 신발을 신어서 전류가 바닥으로 통하지 않도록 차단한다.

## 직류냐 교류냐, 그것이 문제로다

19세기 말부터 사람들의 일상에 전기가 보급되기 시작하면서 과학계에는 '전류 전쟁'이라고 알려진 유명한 논쟁이 일어났다. 위대한 미국의 발명가 토머스 에디슨은 직류를 이용하는 전구를 발명했고, 모든 전력망에 직류를 사용해야 한다고 주장했다. 에디슨은 교류보다 직류가 더 안전하다고 여겼기 때문이다. 최초의 전동기 또한 직류 방식이었다. 그러나 에디슨에게는 조지 웨스팅하우스라는 경쟁자가 있었다. 웨스팅하우스의 회사는 교류 방식의 강력한 고전압 가로등을

전류는 전선을 통해 양극에서 음극으로 흐른다. 극이 바뀌지 않는 한 전류는 한 방향으로만 흐르며, 이를 직류라고 한다. 극의 위치가 계속 반대로 바뀌면 전류도 그에 따라 지속해서 방향을 바꾸게 되고, 이것이 교류 방식이다.

생산했고 그는 모든 전력망을 교류 방식으로 구축하는 데 관심을 가졌다.

이 논쟁에서 두 집단은 지저분하고 잔인한 수단을 동원해서 싸웠다. 예를 들면, 에디슨의 직원들은 교류의 위험성을 증명해 보이려고 교류 전류를 이용해 공개적으로 동물을 감전시켜 죽였다. 심지어는 미국에서 교류를 이용한 전기의자를 사형 집행 수단으로 도입했는데, 이는 교류의 위험성을 대중에게 확실하게 각인시키려는 에디슨의 제안에 따른 것이었다.

사실 에디슨의 직류는 고전압을 사용하지 않기 때문에 보다 안전

12kV

승압 변전소

발전소

400kV  400kV

고압선

강압 변전소

12kV  12kV

강압 변압
(주상 변압기)

220V

저압선

소비자

하기는 했지만, 직류 방식으로 전기를 보급하려면 발전소의 위치가 소비자로부터 1~2킬로미터 이내에 있어야 했으므로 상당히 불편을 일으킬 소지가 있었다. 그보다는 여러 도시 사이에 대규모 발전소 하나를 두고 고압 전선을 통해 전력을 공급하는 편이 훨씬 더 경제적이었다.

교류 방식이라면 이러한 문제가 없었다. 교류는 변압기라는 간단한 장치를 통해 효율적이고도 쉽게 전압의 크기를 높이거나 낮출 수 있기 때문이다. 하지만 직류 방식은 변압 과정이 훨씬 더 복잡하고 비용이 많이 들었다.

이 문제는 그 유명한 니콜라 테슬라가 교류 전동기를 발명하면서 일단락되었다(일론 머스크가 개발한 전기 자동차에 이유 없이 이 발명가의 이름이 붙은 것이 아니다). 직류 전력망은 점차 설 자리를 잃게 되었고,

수요도 서서히 줄어들어 뉴욕에서는 2007년에 들어서야 마지막 남은 직류 전력 공급이 끊겼다. 샌프란시스코에는 아직도 직류로 가동되는 역사적인 엘리베이터가 몇 군데 남아있다.

　일반적인 콘센트와 대부분의 전력 전송망에는 전 세계적으로 교류 방식이 사용된다. 유럽과 아시아에서는 대체로 전류의 방향이 초당 50회 바뀌는 방식인데, 이를 정규 주파수가 50헤르츠(Hz)라고 표현한다. 헤르츠라는 단위는 독일의 과학자 하인리히 헤르츠의 이름에서 따온 것이다. 아메리카 대륙에서는 60헤르츠를 사용하고 일본에서는 지역에 따라 50헤르츠 또는 60헤르츠를 사용한다(가전제품을 보면 알겠지만, 대한민국에서는 60헤르츠를 사용한다). 그 이유는 처음 전력망을

구축한 각각의 전기 회사들 간에 협의가 이뤄지지 않았고 이후에도 경쟁사에 주파수를 굳이 맞추어 변경하려 하지 않았기 때문이다. 현재 이러한 주파수의 차이는 크게 문제가 되지 않는데, 대부분의 전자 기기와 충전기가 어떠한 주파수에도 작동하기 때문이다.

2011년에 발생한 일본 후쿠시마 원전 사고 당시, 도쿄의 전력난에도 오사카에서 전력을 끌어올 수 없었던 이유는 두 도시에서 사용하는 전력망의 주파수가 달랐기 때문이었다.

하지만 직류가 일상에서 완전히 사라졌다고 생각한다면 오산이다. 오히려 우리는 직류를 날마다 접하고 있다. 우리가 사용하는 전자기기 중에는 화학적 전원 공급 장치, 즉 건전지나 축전지를 사용하는 제품들이 많은데, 이러한 장치들은 기계적 발전 장비와 달리 직류 전원 방식이다. 그래서 건전지에는 항상 양극(+)과 음극(-)이 표기되어 있다.

전자기기에는 건전지를 삽입하는 방향이 표기되어 있는데, 압축 스프링이 건전지의 평평한 부분, 즉 음극에 닿는다는 사실만 기억하면 편리하다. 건전지를 반대로 넣으면 기기는 작동하지 않는다. 그에

반해, 콘센트는 교류 전원 방식이기 때문에 플러그를 어느 방향으로
든 꽂을 수 있다. 어차피 1초마다 전류의 방향이 50번씩 바뀌기 때문
이다.

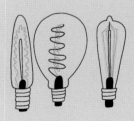

**토머스 에디슨**
**(Thomas Edison, 1847~1931)**
에디슨이라는 이름은 '발명가'라는 단어와 거의 동
의어로 사용된다. 토머스 에디슨은 긴 생애 동안
우리의 삶을 완전히 뒤바꾸어놓을 수많은 발명품
을 만들어냈다. 백열전구, 소리를 녹음하는 최초의
장치인 축음기, 전선을 통해 문자로 된 메시지를
전송하는 고속 전신 등이 그의 발명품이다. 모든
전화기에 장착된 마이크는 지금도 에디슨이 고안
한 방식에 따라 작동한다. 하지만 가장 중요한 업
적은, 에디슨이 자신의 독특한 발명품들을 저렴한
비용으로 생산할 수 있게 해서 수많은 사람이 실제
로 사용할 수 있었다는 사실이다.

## 전기와 자기는 쌍둥이 형제다

1950년대 중반, 유명한 미국 기업인 제너럴모터스는 매우 독특한 스토브를 세상에 선보였다. 스토브 위의 냄비에서 물이 끓고 있었는데, 냄비와 스토브 사이에 신문지가 전혀 타지 않은 채 깔려 있었던

것이다. 마술이라도 부린 듯 보였다. 이제
는 우리 일상에서 흔히 볼 수 있는 인덕션
이다. 전자기 유도 방식을 사용했기 때문에
가능한 일이었지만, 당시 그 광경을 지켜보
는 이들에게는 마술이라도 부린 듯 보였다.

　전자기 유도 현상을 통해 발전소의 거대
한 발전기에서 전류가 생성되며, 이는 우리
의 일상에 쓰이는 전기의 주요 전력원이다.


　아주 오래전부터 사람들은 자기와 전기의 존재를 알고 있었다. 옛
선조들은 금속 물질이 특정 광물들을 끌어당긴다는 사실을 알고 있
었고, 자성을 띤 바늘이 항상 북쪽을 가리킨다는 사실을 알았던 고대

실제로 '전자(electron)'라는 단어는 그리스어로 '호박(amber)'이라는 뜻
이다.

중국인들은 무려 2400년 전부터 나침반을 사용했다. 그리고 고대 그리스에서는 호박을 양털에 문지른 후 가벼운 물체를 호박 조각에 달라붙게 할 수 있다는 사실을 알았다. 정전기를 발견했던 것이다.

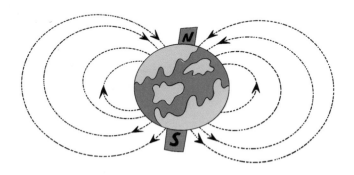

1831년에 영국의 과학자 마이클 패러데이는 엄청난 사실을 발견했다. 자기장이 변화하면 전류가 생성된다는 사실을 발견한 것이다.

**한스 외르스테드**
**(Hans Oersted, 1777~1851)**
19세기에 들어서야 덴마크의 과학자 한스 외르스테드는 도체 내를 흐르는 전류가 나침반의 바늘을 움직인다는 사실, 즉 자기장이 형성된다는 사실을 발견했다.

역으로 전류가 자기장을 생성하기도 한다. 이 발견을 토대로 발전기가 발명되었다. 발전기의 작동 원리는 아주 단순하다. 자석의 양극 사이에서 전선으로 된 프레임이 회전하는데, 그에 따라 자석의 양극은 프레임으로부터 가까워졌다가 멀어지기를 반복한다. 이 경우 프레임 내부의 자기장이 계속해서 바뀌게 되면서 전선 내부에 전류가 발생하는 것이다.

패러데이의 단극 발전기

하나의 프레임 대신 전선을 매우 많이 감은 코일을 통째로 쓰면 전류의 생산효율이 높아진다. 그리고 발전기와 반대로 외부에서 유입된 전류를 코일에 흘려보내면 자석이 회전하게 되는데, 이것이 바로 전동기의 원리다.

그 후 거의 200년 동안 수백 종의 다양한 발전기와 전동기가 개발되었다. 그중에는 전선을 감은 코일이 고정된 자석 주위를 회전하는 방식도 있고, 자석 대신 한쪽 코일에 전류를 통과시켜 자기장이 형성되면 다른 코일에 전류가 생성되는 방식도 있다. 어느 방식의 발전기든 전자기 유도 현상, 즉 전기장과 자기장 중 한쪽이 변화하면 다른

패러데이가 고안한 발전기는 고정된 자석과 자석의 양극 사이를 회전하는 구리 디스크로 이루어졌다. 전류는 프레임 내부의 자기장의 변화로부터 발생한 것이 아니라 구리 디스크 내의 자유 전자들이 움직이는 선속도의 차이에서 비롯되었다. 회전축에 가까운 전자들은 가장자리의 전자보다 느리게 움직였는데, 전자들의 선속도가 다르면 자기장으로부터 받는 힘의 크기가 달라지고, 그에 따라 회로 내에 전류가 생성되었다. 이러한 종류의 발전기를 단극 발전기라고 한다. 다만 패러데이 본인도 작동 원리를 설명하지 못했다. 당시에는 전하를 띠는 전자의 존재를 알지 못했기 때문이다.

쪽이 함께 변화하는 현상이 적용된다.

　전기장과 자기장 사이의 이 밀접한 연관성에 대해 과학자들은 의문을 품게 되었다. 실상 기본적인 하나의 장이 두 개의 장으로 다르게 표현되었을 뿐일까? 실제로 1861년에 스코틀랜드의 과학자 제임스 맥스웰은 수학적으로 이 둘을 하나의 장으로 표현해냈고, 이를 전자기장이라 명명했다. 그 유명한 맥스웰의 방정식으로 전기와 자기의 어떠한 관계도 완벽하게 설명할 수 있다.

이러한 성공 이후, 전 세계의 물리학자들은 아직 실현되지 않은 꿈을 가지게 되었다. 단순히 전자기장만이 아닌, 중력장을 비롯해 원자 내부에서만 적용되는 힘들(강력 및 약력) 모두를 포괄하는 통일된 방정식을 구현해 내는 것이었다. 그러한 기본적 상호 작용들에 대한 통일장 이론이 완성된다면 이는 인간 지성의 엄청난 쾌거일 것이며, 그

장(field)이라는 개념을 언급하지 않고서는 전기 및 자기에 대해 논할 수 없다. 물리학의 관점에서 우리가 사는 세계는 장이라는 재료를 기반으로 구축된다. 우리가 덩어리진 쌀죽 그릇 속에 살고 있다고 상상해보자. 죽 속의 덩어리는 죽과 동일한 쌀 성분이지만 좀 더 빽빽하게 뭉쳐있을 뿐이다. 이 덩어리는 원자를 구성하는 입자에 해당하며, 원자는 우리 인간과 우리를 둘러싼 모든 사물을 구성하는 재료다. 그리고 덩어리 이외의 죽 전체는 우리가 살고 있는 장으로, 우리의 세계를 '이어준다.' 우리의 세계에는 네 가지 장이 존재하는데, 그중 복잡한 고성능 장비를 사용하지 않고 관측할 수 있는 장은 전자기장과 중력장이다. 쌀죽의 비유를 계속하자면 다음과 같이 표현할 수 있다. 우리가 살고 있는 죽 그릇에는 쌀죽과 보리죽이 섞여 있으며, 덩어리 속에는 쌀과 보리 외에도 다른 두 곡물이 더 들어 있지만 그것이 어떤 종류인지 우리로서는 파악할 수 없다.

때는 비로소 우리가 이 세계가 근원적으로 어떻게 작동하는지 이해할 수 있게 될 것이다.

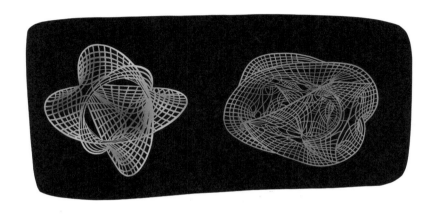

그 와중에 우리는 우리에게 주어진 과학의 결실을 사용해볼 수 있다. 가령 우리는 전선 없이 전기 에너지를 전달하는 법을 이미 알고 있다. 휴대 전화나 여러 전자기기에 사용하는 무선 충전기가 바로 전자기 유도 방식이다. 앞서 언급했던 인덕션 스토브도 마찬가지다. 인덕션 위의 냄비는 뜨거워진 표면으로부터 열을 전달받는 방식이 아니라, 인덕션 유리 상판 아래에 설치된 전기 코일이 변동하는 자기장을 생성하고 그 자기장의 영향으로 냄비 자체에 전류가 발생해서 가열되는 것이다. 따라서 유리 냄비와 같이 냄비의 재질이 자성을 띨 수 없다면 냄비에는 전류 및 열이 발생하지 않는다. 그래서 인덕션 위에

사람이 걸터앉아도 상관없고, 심지어 다리 사이에 프라이팬을 놓고
달걀을 요리해 먹을 수도 있다.

# 전류는 어떤 일을 할 수 있을까?

고대 그리스 시대부터 인류는 전기 현상에 대해 알고 있었지만 19세기 이전까지는 실질적으로 전기를 사용할 방법을 알지 못했다. 마이클 패러데이, 알레산드로 볼타(Alessandro Volta), 앙드레-마리 앙페르(André-Marie Ampère)를 비롯한 수많은 과학자들의 무수한 실험 끝에 전기가 일상생활에 도입되기 시작했고, 그 후로 인류의 삶은 완전히 달라졌다.

예컨대 전기 조명을 생각해보자.

전기장의 영향으로 움직이는 자유 전자가 전도체 이온(전하를 띠는 입자-역주)들과 충돌하면 이온이 진동하게 된다. 이온 입자가 더 빠르게 진동할수록 온도가 더 상승한다. 전자의 흐름으로 도선이 매우 뜨겁게 달구어지면 여기서 빛이 나기 시작한다. 이것이 바로 백열전구의 원리다. 유리 구체 내부에 텅스텐같이 매우 내열성이 강한 금속으로 만들어진 가느다란 도선을 배치한다. 구체 내부의 공기를 빼내어 도선이 공기 중의 산소와 닿아 산화 반응이 일어나는 것을 방지한다. 도선을 따라 전류가 흐르면 2000도 이상의 온도로 가열되어 빛이 나기 시작한다.

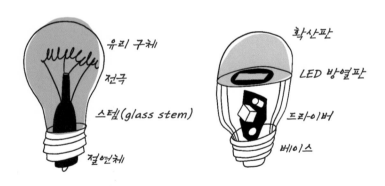

유리 구체
전극
스템(glass stem)
절연체

확산판
LED 방열판
드라이버
베이스

이제 백열전구는 과거의 유물이 되어가고 있다. 빛을 내는 동시에 불필요한 열이 너무 많이 발생해서 에너지가 과도하게 소모되었기 때문이다. 백열전구 대신 훨씬 더 경제적인 LED 전구가 등장했다.

가느다란 반도체 기판 위에 전류가 흐르면 곧바로 발광하는 방식이다. 이러한 전구는 백열전구와 비슷한 밝기의 빛을 내는데도 효율, 즉 에너지 소모는 그보다 5~10배 낮으며 수명은 몇 배나 길다.

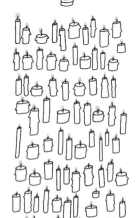

전기가 열로 전환되는 경우 난방에 사용될 수도 있다. 전류가 전도체를 통과하면 온도가 상승한다는 사실은 사용 목적에 따라서 장점이 될 수도, 단점일 수도 있다. 예를 들어 전기 에너지를 발전소에서부터 도시까지의 먼 거리에 전달할 때

백열전구의 발명은 그야말로 혁신이었다. 인류 역사상 백열전구가 등장하기 전까지 어둠을 밝힐 수단은 모닥불이나 불쏘시개, 횃불, 촛불밖에 없었다. 그러다가 갑자기 전구 하나가 50개 내지 100개의 촛불만큼 밝은 빛을 내게 된 것이다. 이제는 해가 져도 잠자리에 들 필요 없이 이전에는 풍족한 이들만 누리던 불빛으로 누구나 밤을 보낼 수 있게 되었다. 수십억 인구의 일상과 생활 방식이 바뀐 것이다.

송전선의 온도가 상승하면 생산된 에너지의 대부분이 열로 전환되어 공중으로 날아가 버릴 것이다. 그래서 이 경우에는 온도를 가능한 한 낮게 유지하는 데 초점을 둔다. 전류의 성질과 그에 따라 발생하는 열의 상관관계를 설명하는 물리 법칙이 필요한 부분이다. 이 법칙은 19세기 중반에 두 과학자가 각각 독자적으로 발견했고, 그들의 이름을 따서 '줄-렌츠의 법칙'이라 불린다.

줄-렌츠의 법칙(줄의 제1법칙)에 따르면, 열에너지는 도체의 저항과 전류의 지속 시간, 그리고 특히 전류의 세기의 제곱에 비례한다.

우리는 전선을 통해 전달되는 전력 혹은 단위 시간당 에너지의 양

**제임스 줄**
**(James Joule, 1818~1889)**
제임스 줄은 영국 맨체스터의 양조업자의 아들로 태어나 젊은 시절부터 가업에 종사했다. 그의 연구는 양조업에 필요한 보다 효율적인 기계를 고안하는 등 실용적인 과제에서 출발했다. 그의 모든 과학적 연구 성과는 에너지와 관련된 것이다. 에너지의 측정 단위를 그의 이름을 따서 줄(J)로 규정한 이유가 있다.

**하인리히 렌츠**
**(Heinrich Lenz, 1804~1865)**
하인리히 렌츠는 독일계 러시아 물리학자로, 상
트페테르부르크 대학교의 총장이었고 러시아
지리학회의 많은 탐사에 참여하였으며 자연지
리학에 관한 저술 활동을 했다.

이 전압과 전류의 곱이라는 사실을 알고 있다. 줄-렌츠의 법칙에 따
라 송전 시 전류의 세기를 절반으로 줄이면 열 손실을 2분의 1의 제
곱, 즉 4분의 1만큼 줄일 수 있게 되고, 전류의 세기를 3분의 1로 낮

추면, 열 손실이 9분의 1만큼 줄어든다. 그런데 송전 과정에서 전달되는 전기 에너지의 양은 동일해야 한다. 그렇다면 송전 전류의 세기를 줄이면 어떻게 될까? 당연히 총 전력량에는 변함이 없도록 전압을 증가시키면 된다. 먼 거리를 연결하는 송전선이 수천 볼트에 달하는 고압선인 이유가 바로 여기에 있다. 그런 다음 전압은 전력이 소비자에게 공급되기 직전에 변압기를 통해 우리가 사용하는 220볼트로 강압되는 것이다.

그렇다면 이번에는 반대로 열에너지가 필요한 난방에 전기를 사용하는 경우는 어떨까? 그럴 때는 저항이 높은 도체를 사용해야 한다. 또한 전류의 강도를 높여야 하므로 전압을 낮춰주는 변압기를 설치해서 전력

히터, 주전자, 다리미, 토스터기 등 전기를 사용하는 모든 난방장치나 가열 기구는 줄-렌츠의 법칙에 따라 작동한다.

소모량을 적정하게 유지할 수 있다. 이참에 전기 히터를 하나 장만해 보면 어떨까?

전기는 기계적인 작동에도 사용된다. 패러데이가 발견한 전자기 유도 현상에 따라 역학 에너지와 전기 에너지는 서로 전환될 수 있다. 이 현상 때문에 발전기는 증기, 흐르는 물, 바람의 에너지를 이용해 회전함에 따라 전류를 생산하는 강력하고 확실한 전력 공급원이 되는 것이다. 그와 반대로 전기로부터 역학 에너지를 생성하는 전동기 역시 나중에 발명되었다.

19세기에 개발된 최초의 자동차는 전기 자동차로, 단순한 실험 시제품이 아니라 많은 전기 자동차 모델이 대량 생산되었다. 그러나 결국 가솔린 연료를 사용하는 모델에 자리를 내주게 되었다. 가솔린 방

식이 연료를 더 간편하고 빠르게 채울 수 있었고 주행 거리도 길었기
때문이다. 그리고 오늘날 인류는 다시 전기 자동차로 회귀하고 있다.

전류는 화학 반응을 일으킬 수도 있으며, 반대로 특정 화학 반응으
로 전류를 발생시킬 수도 있다.

우리는 전기 화학 반응을 이용한 제품 가운데 가장 널리 쓰이는 한 가지를 거의 날마다 접한다. 바로 알루미늄이다. 가볍고 내구성이 있는 이 금속은 전기 전도율 및 열전도율이 높아서 오늘날 샌드위치 포장지부터 비행기 동체에 이르기까지 두루 활용된다. 천연 물질인 알루미나(alumina)에는 산화알루미늄 성분이 포함되는데, 여기에 전류를 흘려서 알루미늄을 정제한다. 알루미늄과 산소 사이의 화학결합을 전류로 분리해서 정제된 금속을 추출하는 방식이다.

충전지는 화학 반응을 통해 전류를 생성하는 방식이다. 한편 무엇보다 중요한 전기 화학 반응은 바로 우리 몸속에서 일어난다. 우리의 신경망과 뇌는 전기 자극 덕택에 활동하는데, 이 전기 자극은 뉴런이라는 신경 세포 내의 화학 작용으로 생성된다. 다시 말해 전류의 화학 작용이 아니었다면 지구상에 인류나 동물은 존재하지 않았을 것이다.

## 전자기 복사 : 벽난로부터 원자폭탄까지

　우리가 사는 온 세상은 물리적 장들로 구성된다. 온 우주는 물리적 장으로 가득 차 있고, 물질을 빈틈없이 구성하는 입자들은 다양한 장의 영향으로 미세하게 진동하는 응집체다. 세상의 모든 물질은 질량을 지닌 입자들로 구성되므로 우리가 만지거나 무게를 잴 수 있다. 한편 광자처럼 질량이 없는 입자는 정지 상태로 존재할 수 없다. 이러한

**리처드 파인만**
**(Richard Feynman, 1918~1988)**
미국의 유명한 물리학자 리처드 파인만은 이렇게 말했다. "양자역학으로 표현되는 자연 현상은 상식적으로 보면 정말이지 터무니없다. 그런데 실험 결과에는 완전히 부합한다. 그러니 모두 있는 그대로의 자연 현상을 받아들이길 바란다. 아무리 터무니없게 보일지라도."

입자들은 빛의 속도로 끊임없이 움직이며 특정한 빈도(주파수)로 진동한다. 주파수의 크기에 따라 광자의 에너지가 결정되는데, 진동 주파수가 높을수록 강한 에너지를 갖는다. 광자는 전자기장, 특히 빛의 전달자 역할을 한다.

오랫동안 사람들은 빛이 때로는 파동처럼, 때로는 입자의 흐름처럼 행동하는 이유를 알지 못했다. 이 역설적인 현상을 설명하기 위해 '양자역학'이라 불리는 물리학의 새로운 분야가 등장했다. 양자역학은 미시세계에서의 입자의 행동을 수학적으로 기술하는데, 이를 인간의 직관으로는 여전히 상상할 수 없다.

제임스 맥스웰이 전자기파를 수학적으로 설명해 냈을 때, 과학자

수면파

음파

들은 이런 의문을 품기 시작했다. '그렇다면 실제로 어떤 물질이 진동하는가?' 왜냐하면 파동이 존재하려면 파동을 이동시킬 매질이 필요하기 때문이다. 수면파의 매질은 물이고 음파의 경우 공기가 매질이다. 그렇다면 전자기파는 어떤 매질에서 퍼져 나갈까?

전자기파는 우리의 일상 경험에서 익숙한 그 어떤 것과도 상상하거나 비교할 수 없다. 우리가 사용하는 언어에는 이 세상의 물리적 토대를 설명해 낼 만한 단어조차 없다. 왜냐하면 인간의 언어는 우리가 사는 현실의 일부를 설명하는 데 초점을 두지만, 세상은 그보다 훨씬 더 광활하기 때문이다. 과학자들이 세계를 묘사할 때 일반적인 언어를 포기하고 수학적 언어만을 사용하는 이유가 여기에 있다.

이 의문에 대한 답변으로, 온 세상은 물질이 아닌 다른 형태의 무언가로 가득 차 있다는 이론이 등장했다. 이것은 어떠한 물질과도 상호작용하지 않으나(그래서 인간이 탐지할 수도 없지만), 본질적으로 전자기파를 비롯한 온갖 파동이 퍼져 나가게 하는 매질이라고 여겨졌다. 이 매질을 '에테르'라고 불렀으며, 중세 연금술사들은 에테르를 세상에 존재하는 물질 가운데 가장 미세하고 발견하기 어려운 물질을 가리키는 단어로 사용했다.

그러나 에테르 이론은 얼마 지나지 않아 실험에 의해 반증되었다. 이 세상에 에테르는 존재하지 않으며 전자기파 자체가 물질이자 우리 우주를 형성한 재료라는 사실이 밝혀진 것이다. 마치 수면에 돌을 던져 생겨난 파동이 물과 별도로 분리되지 않고 파동 자체가 물이 되어 결코 사라지지 않는다는 식이다.

모든 파동은 진폭과 파장이라는 두 가지 주요한 속성을 가진다. 파동의 중심에서부터 가장 높은 지점(마루) 혹은 가장 낮은 지점(골)까지의 길이를 진폭이라고 하며, 이웃한 두 마루(또는 골) 사이의 거리를 파장이라고 한다. 진폭은 파동의 에너지와 직접적인 관련이 있다. 예를 들어 5층 건물 높이의 거대한 쓰나미는 강력한 에너지를 보유해 엄청난 파괴력을 가진다.

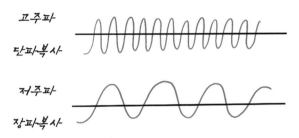

고주파
단파복사

저주파
장파복사

우리는 인덕션 스토브 위에 걸터앉아 있어도 전자기파가 방출되는 것을 느낄 수 없다. 다만 우리 인간에게는 이를 감지할 감각 기관이 있다. 바로 눈이다(그래서 빛을 가시광선이라고 부른다). 빛의 본질은 전자기파로, 전선 내부의 전자를 움직이게 하는 파동과 같은 종류다. 다만 파장의 길이가 다를 뿐이다.

전자기파의 놀라운 특성은 각각의 광자가 전달하는 에너지가 주파수(혹은 그 역수에 해당하는 파장의 길이)에 따라 달라진다는 점이다. 그리고 진폭이라는 개념은 각 광자에는 전혀 적용되지 않는다. 빛의 색상이 다르면 파장의 길이가 다르다. 빨간빛은 가장 긴 파장과 가장 낮은 에너지, 보랏빛은 가장 짧은 파장과 가장 높은 에너지를 갖는다. 그 사이에는 무지개색이 순서대로 배열된다.

그렇다면 빨간빛보다 파장이 더 길어지면 어떻게 될까? 물론 그러한 전자기파도 존재하며 이를 적외선이라고 부르는데, 인간의 눈으로는 더 이상 감지할 수 없는 영역이다. 적외선은 피부로 감지할 수 있다. 예를 들면 벽난로에서 퍼져 나오는 열기를 느끼는 것이다. 파장이 적외선보다 더욱 길어지면 특수 장비를 사용해야 이를 탐지할 수 있다.

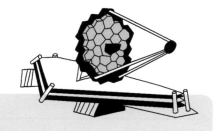

화제가 되고 있는 제임스 웹 우주 망원경은 최근 우주로 발사되어 우주의 가장 멀리 떨어진 영역을 관측하는데, 이 망원경은 적외선을 탐지한다.

적외선보다 파장이 긴 파동은 마이크로파로, 주방의 전자레인지에 사용된다. 전자레인지는 마이크로파를 방출해 음식물 속의 물 분자를 진동시켜서 음식을 가열한다. 마이크로파보다 더 나아가면 파장이 수 킬로미터에 이르는 전파(라디오파)가 있다. 그리고 마지막으로 가장 낮은 주파수 대역은 전기 회로 내에 존재한다. 파장의 길이가 약 6천 킬로미터에 이르면, 우리가 익히 아는 50헤르츠(Hz), 즉 주파수가 초당 50회인 파동이 된다.

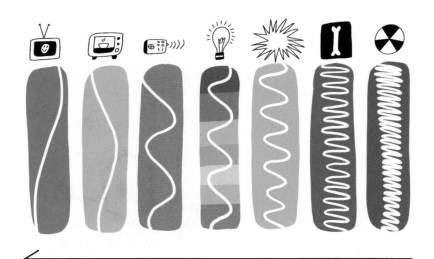

파장의 길이 ↑

파동 주파수 ↑

가시광선 영역의 무지개에서 보랏빛 너머(자외선)로 가보면, 우리는 고도의 에너지를 가진 세계에 이르게 된다. 자외선은 인간의 눈에는 보이지 않지만 태양빛에 포함되어 우리의 살갗을 태운다. 더 높은 에너지의 영역에는 X-선(엑스레이)이 있는데, 우리 몸의 연조직을 쉽게 투과할 만큼 강력하기에 병원에서 뼈나 체내 기관의 영상을 얻는 데 널리 쓰인다. 그리고 가장 파괴적인 전자기파는 감마선이다. 핵폭발 시에 방출되며 엄청난 에너지로 모든 생명체에 치명적인 영향을 미친다.

한마디로 전자기파는 문자 그대로 우리 세계를 관통한다고 할 수 있다. 패러데이, 맥스웰을 비롯한

엑스레이에 과도하게 노출되면 우리 몸의 세포 내부를 손상시킬 수 있기 때문에 매우 위험하다. 그래서 병원에서 엑스레이 촬영을 할 때 의사는 촬영실에 들어오지 않는다. 한 번쯤이야 위험하지 않겠지만 하루에 엑스레이 촬영을 여러 번 하게 되면 의사 자신이 방사능에 과도하게 노출되어 건강을 해칠 수 있기 때문이다.

수많은 과학자들의 발견, 그리고 에디슨과 테슬라의 발명은 인류의 삶을 완전히 뒤바꾸어놓았다. 이들 덕분에 우리는 전자기장의 본질을 이해하고 전자기파와 전기를 실생활에 사용할 수 있게 되었다.

## 표면 장력 : 어떻게 마지막 한 방울까지 따라낼 수 있을까?

물이 든 드럼통 안에 도끼를 던지면 어떻게 될까? 당연히 물속에 가라앉는다고 생각할 것이다. 금속의 밀도는 물의 밀도보다 크기 때문에 금속 물체는 가라앉는다. 하지만 모든 물체가 다 그런 것은 아니다.

앞서 아르키메데스의 원리를 살펴보면서 이 원리에 예외적인 경우를 언급했다. 즉, 매우 무거운 중금속이라도 배처럼 속이 빈 움푹한 형태라면 무게에 비해 더 많은 부피의 물을 대체할 수 있기 때문에 물 위에 완벽하게 뜰 수 있다는 것이다. 거대한 강철 선박이나 소형 선박 모두 같은 이유로 물속에 가라앉지 않는다.

그런데 물체의 밀도가 물보다 더 크더라도 가라앉지 않는 경우가 있다. 물이 든 컵에 바늘을 수직으로 세워서 넣어보자. 바늘은 당연히 가라앉을 것이다. 하지만 집게를 이용해서 바늘을 수면에 수평하게 천천히 내려놓으면 바늘이 그대로 떠 있을 것이다. 이때 바늘에 맞

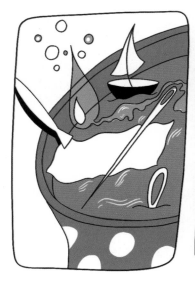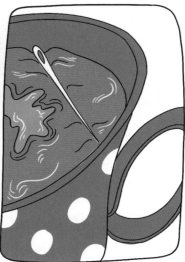

닿은 수면은 마치 보이지 않는 막으로 덮인 듯 살짝 눌려있는 모습을 볼 수 있다. 이제 바늘 부근에 비눗물 한 방울을 떨어뜨려 보면 놀라운 일이 벌어질 것이다. 바늘은 곧장 비눗물이 떨어진 위치로부터 멀어진다.

실험을 더 정확하게 하려면, 수면 위에 종이 한 장을 띄워 그 위에 바늘을 얹은 다음, 바늘 아래의 종이만 살짝 건드려 물속으로 가라앉히면 된다.

어떻게 된 것일까? 사실 기체나 고체와의 경계에 존재하는 액체 분자는 액체 내부의 분자와는 사뭇 다르게 움직인다. 액체의 내부에서는 이웃하는 분자들끼리 서로 끌어당기고, 너무 가까워지게 되면 반대로 서로를 밀어내는 성질이 있다. 그에 따라 액체가 평형 상태에 이르면 액체 내의 모든 분자 간의 거리가 동일하게 유지된다.

그렇다면 액체의 표면에 위치하는 분자는 어떻게 움직일까? 표면 바로 아래에 있는 분자는 내부의 다른 분자와 마찬가지로 표면의 분자를 끌어당긴다. 그러나 표면 위로는 표면의 분자를 끌어당겨 평형을 이루게 할 이웃 분자가 없다.

그 결과, 표면의 분자는 액체 내부로 '빠져들게' 되면서 표면에 빈 공간이 생긴다. 표면에 남은 분자들은 이 빈 공간을 메우기 위해 서로

표면 장력 에너지는 액체의 표면적을 최소화하려는 경향이 있다. 그래서 무중력 상태에서 물방울은 항상 구의 형태를 취한다. 주어진 부피에 대해 가장 작은 표면적을 갖는 형태가 바로 구체이기 때문이다.

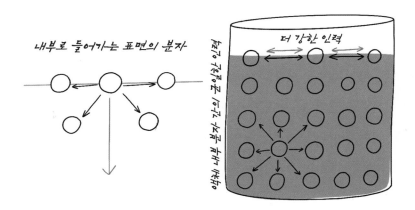

내부로 들어가는 표면의 분자

더 강한 인력

표면 분자가 보유한 에너지가 더 높아짐

를 더욱 강한 힘으로 끌어당기게 된다. 이것이 바로 액체 표면에 마치 얇은 풍선처럼 분자의 막이 형성되는 원리다. 액체 내부와 동일한 분자면서도 이웃한 분자 간에 더 강한 인력이 작용해서 더 큰 에너지를 보유하는 것이다. 바로 이러한 표면 장력 에너지가 바늘과 같은 가벼운 물체를 물 위에 뜨게 한다.

여름에 강이나 연못에서 물 위를 둥둥 떠다니는 소금쟁이를 본 적이 있을 것이다. 소금쟁이 또한 표면 장력으로 형성된 막을 이용해서 움직인다.

그렇다면 컵에 비눗물을 떨어뜨리면 왜 바늘이 움직일까? 표면 장력이 액체의 성질에 따라 다르기 때문이다. 비눗물이나 세제는 표면 장력을 약화시키는 화학 구조로 되어 있기 때문에 비눗물을 떨어뜨린 지점의 물 분자가 서로를 끌어당기는 힘이 줄어드는 것이다. 이때 비눗물이 섞이지 않은 바늘의 다른 쪽 수면은 여전히 표면 장력이 큰 상태이므로 바늘이 '빨려 들어가게' 된다.

물에 비눗물을 넣으면 표면 장력으로 형성된 막이 안정화된다. 이 때문에 비눗방울이 만들어지는 것이다. 물방울처럼 비눗방울의 형태도 주어진 부피에 대해 최소한의 표면적이 유지되는 형태를 띠므로 주로 구형이지만, 때로는 공기 저항과 중력의 영향을 받아 형태가 달라지기도 한다.

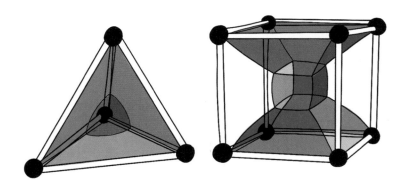

정사면체와 정육면체 모양의 철사를 비눗물에 담갔다가 꺼냈을 때 형성된 막의 형태에서 우리는 물리학과 수학이 어우러지며 자아내는 진정한 아름다움을 목격할 수 있다. 이 특별한 형태가 표면적을 최소화하는 구조라는 사실은 수학적으로 증명되었다.

액체와 기체(공기)의 경계뿐 아니라, 액체와 고체의 경계에서는 심지어 더욱 흥미로운 효과가 발생한다. 액체가 담긴 용기의 내부를 살펴보자.

가느다란 유리관을 물속에 넣으면 유리관 내부의 수위가 상승할 것이다. 마치 유리관이 물을 빨아들여 수위를 높이는 것처럼 보인다.

물                              수은

유리관이 더 좁을수록 수위는 더 상승한다. 그러나 동일한 유리관을 수은에 넣으면, 유리관 속 수은의 높이가 오히려 더 낮아진다. 유리관이 수은을 밀어내는 것 같이 보일 것이다. 이러한 현상을 '젖음 현상(모세관현상)'이라고 한다. 유리관이 물에 젖게 되어 유리관 내벽을 타고 퍼지려는 경향을 띠는 것이다. 그에 반해 수은은 젖음 현상이 일어나지 않는 비습윤성 액체다.

이러한 현상은 자연에서 중요한 역할을 한다. 예컨대 나무는 매우 가느다란 모세관 체계를 통해 뿌리에서부터 수십 미터 높이의 가지 끝까지 물을 빨아올릴 수 있다. 그리고 물새의 깃털은 지방층으로 덮여있어서 물에 젖지 않고 항상 마른 상태를 유지한다.

병에 든 시원한 음료수를 마지막 한 방울까지 남김없이 마시려고 병을 마구 흔들고 바닥을 쳐 봤자 소용없다. 그럴 때는 훨씬 더 효과적인 방법이 있다. 병을

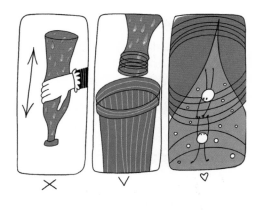

뒤집어 병 입구를 컵에 갖다 대면 젖음 현상으로 인해 표면 장력 자체의 힘으로 마지막 한 방울까지 병에서 컵으로 끄집어낼 것이다. 친구들에게 이 방법을 보여주면 그들도 과학의 힘을 믿게 될 것이다.

## 파란 하늘과 노란 태양 : 빛이란 무엇인가?

인간은 시각을 통해 세상에 대한 정보의 80%를 얻는다고 한다. 인간에게 빛을 공급하는 태양을 우리가 직접 바라보기에는 너무나 밝기 때문에, 우리는 대부분 다른 물체들에 반사된 빛을 보게 된다. 어두운 색상의 물체는 비추는 빛의 대부분을 흡수하는 반면, 거울 같은 물체는 대부분 반사한다.

빛의 실체는 오랫동안 수수께끼로 남아있었다. 17세기 무렵 과학 실험을 토대로 두 가지 이론이 경쟁적으로 등장했다. 첫 번째 이론에 따르면 빛은 미세한 입자의 흐름이다. 이 이론은 렌즈, 거울, 프리즘을 이용한 많은 실험 결과를 설명해낼 수 있었다. 하지만 이 이론만으로는 마치 빛이 수면의 파동처럼 움직이는 현상같이 전혀 설명되지 않는 상황들도 있었다. 물 위에 동시에 두 개의 돌을 던지면 파동이 원을 그리며 퍼져 나가고, 이 원형 무늬들이 서로 교차하여 더욱 복잡한 무늬를 형성한다. 수면의 어떤 위치에서는 물이 정지해 있고, 어떤 위치에서는 파동이 중첩되어 더 큰 파동이 발생한다.

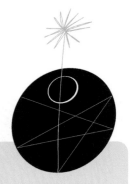

물리학에는 '흑체'라는 개념이 있다. 모든 빛을 완전히 흡수하는 물체다. 이 가상의 구조는 뉴턴의 고전 역학이 아닌 양자역학의 개념을 토대로 한 '새로운 물리학'이 창조되는 데 중요한 역할을 했다. 실제로 완전한 흑체를 형성하는 것은 불가능하지만, 내부를 숯으로 검게 칠한 속이 빈 구체에 작은 구멍을 낸 형태로 흑체와 매우 유사한 구조를 만들 수 있다. 구멍으로 들어간 빛은 밖으로 반사되어 빠져나올 수 없다.

이러한 현상을 간섭이라고 한다. 본질은 매우 단순하다. 두 파동이 서로 중첩되면서 각 파동의 높은 지점(마루)이 일치하면 그 두 파동이 보강되어 더 높은 진폭을 가진 파동이 발생한다. 반대로 한 파동의 높은 지점과 다른 파동의 낮은 지점(골)이 겹치게 되면 파동이 서로 상쇄되어 수면은 정지 상태가 된다.

　빛이 이와 같이 움직인다는 사실을 보여주는 실험이 있다. 광선이 나아가는 경로에 두 개의 좁고 기다란 틈을 만들고 그 뒤에 스크린을 배치한다. 언뜻 생각하기에는 스크린에 두 개의 밝은 줄무늬가 나타날 것이라고 예상할 수 있다. 하지만 실제로는 두 개의 줄무늬 대신 아래의 그림처럼 다수의 밝고 어두운 줄무늬가 번갈아 나타났다. 이 형태가 물 위의 파동 간섭 패턴과 유사하다는 사실을 기반으로 과

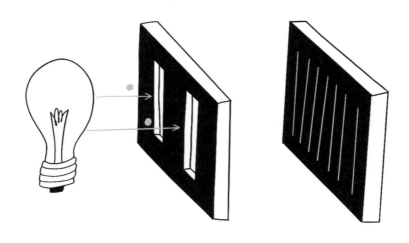

학자들은 빛이 파동일 수도 있다는 생각을 하게 되었다. 두 개의 틈을 지나면서 빛의 파동(광파)은 두 갈래로 나뉘어 물에 던진 돌에서 생겨나는 파동처럼 서로 간섭하는 것이다. 이 파동 이론으로 수많은 실험 결과들이 멋지게 설명되었다.

　꽤 오랫동안 빛의 입자설과 파동설이 양립해 왔고, 과학자들은 이 두 이론을 통합하지 못했다. 전자기학의 일반 이론이 등장한 후 빛이 전자기파라는 사실이 명확해지면서 파동설이 최종적인 승리를 거두는 듯 보였다. 그러나 20세기가 되자 입자설에 부합하는 새로운 현상이 발견되었는

라틴어로 입자는 '코르푸스쿨라'이므로 빛을 입자의 흐름으로 간주하는 이론을 '코르푸스쿨라 이론', 즉 '빛의 입자설(corpuscular theory)'이라고 한다.

데 파동설로는 이 현상을 설명할 수 없었다. 예컨대 빛을 전달하는 입자인 광자가 물질의 원자와 충돌해서 전자를 떼어낼 수 있으며, 빛의 작용으로 전류가 생성될 수 있다는 사실이 밝혀진 것이다. 이 효과를 '광전 효과'라고 하며, 태양광 전지가 작동하는 원리다. 빛의 본질에 관한 이 두 관점을 통합하기 위해 아인슈타인의 특수 상대성 이론 및 완전히 새로운 물리학인 양자 물리학이 적용되었다. 오늘날에는 빛이 전자기파이면서 동시에 입자의 성질을 갖는 이중성 이론이 일반적으로 인정되고 있다.

그러나 이 이중성은 빛에만 국한되는 것이 아니라 우리 우주와 인간을 구성하는 모든 입자에도 적용된다. 이 모든 입자는 파동이자 입자로써의 성질을 동시에 보여주지만, 인간의 직관적인 사고로는 이를 표현할 길이 없기 때문에 우리는 수학의 언어에 의존할 수밖에 없다. 수학은 우리의 놀라운 세계를 표현할 수 있게 해주는 도구다.

빛의 본질을 이해하면, 가령 하늘이 왜 파란색이며 태양이 왜 노랗게 보이는지를 설명할 수 있다. 간단한 실험을 해보자. 물이 담긴 유리병에 우유를 약간 넣은 다음, 유리병 뒤에 흰 스크린을 설치하고 손전등으로 병을 비춰보자. 병 속의 물은 확실히 파란빛을 띠고 스크린에는 붉은빛이 도는 노란 점들이 나타날 것이다. 왜 이런 현상이 일어나는 것일까? 우유에는 물과 혼합되지 않는 미세한 지방 입자들이 함유되어 있다. 투명한 매질을 통과하던 빛이 이물질의 입자와 충돌하게 되면 빛은 파동으로써 그 입자와 상호 작용을 하며 이물질 원자 내의 전자의 위치를 살짝 바꾸어 놓는다. 위치가 바뀐 전자가 다시 광파에 영향을 주는데 이때 파장의 길이가 짧을수록 더 많이 산란시킨다. 즉, 파란빛이 빨간빛보다 더 많이 산란되는 것이다. 우유가 든 유리병의 경우, 파장의 길이가 긴 빨간빛과 노란빛은 산란되지 않고 그대로 유리병을 통과해서 스크린에 붉은 빛을 띤 노란 점을 남기는 반면, 파란빛은 사방으로 흩어져서 물이 파란빛을 띠게 한다.

빛의 본질에 관한 논쟁 중에 예리한 질문이 제기되었다. 빛의 파동이 퍼져 나가기 위해선 어떠한 매질이 필요한가? 수면파에 대해서는 물이 진동하는 매질로 작용하고, 음파는 공기가 매질의 역할을 한다. 그렇다면 빛의 경우에는 무엇이 진동할까? 한동안 사람들은 어떠한 공간이든 관통하지만 어떤 물질과도 상호 작용하지 않는 '에테르'라는 특수한 매질이 있다고 여겼다. 그러나 실험을 통해 이 이론은 틀렸음이 증명되었다.

하늘에서도 정확히 같은 현상이 벌어진다. 태양 광선이 대기를 통과하며 대기 중의 미세한 물방울 및 먼지 입자와 충돌해 빛이 산란된다. 이때 빛스펙트럼의 파란 영역의 파장이 상대적으로 짧아서 더 많이 산란되기 때문에 우리가 파란 하늘을 보게 되는 것이다. 스펙트럼의 빨간 영역은 파장이 길어서 대기를 통과하며 방향을 바꾸지 않으므로 태양이 노랗게 보이는 것이다. 한편 해가 질 무렵에는 태양 빛이 더 두꺼운 대기층을 통과해야 하므로 태양이 완전히 붉게 물드는 것이다.

# 광학 : 빛을 구부리는 법

쥘 베른의 소설 『신비의 섬』에서는 무인도에 떨어진 사람들이 다음과 같은 방식으로 불을 피운다. 우선 가지고 있던 시계 두 개에서 유리를 꺼내 겹친 후 그 안에 물을 넣고 모서리를 접착제로 붙인다. 그런 식으로 렌즈를 만들어 마른 풀을 모아다가 햇빛으로 불을 피운 것이다.

그러나 탐구심이 많고 관찰력이 좋은 독자라면 궁금증이 생길 것이다.

이 방법은 직접 쉽게 따라 해볼 수 있다. 시계를 망가뜨릴 필요 없이 그냥 돋보기 하나만 있으면 된다.

왜 유리 사이에 물을 넣어야 할까? 왜 유리 두 장을 겹치기만 해서는 렌즈를 만들 수 없을까? 이 질문에 답하려면, 빛의 본질에 관해 알아둘 점이 있다.

우선, 빛은 항상 직진한다. 이미 17세기에 피에르 드 페르마가 증명한 사실이다. 둘째로, 서로 다른 환경에서 빛의 속도는 달라진다. 우리는 광속이 진공 상태에서 초속 30만 킬로미터라는 사실을 알고 있으며, 이 속도는 이론적으로 실제 물체가 도달할 수 있는 최대 속도다. 그러나 물속에서는 광속이 초속 22만 5천 킬로미터로 떨어지고, 유리를 통과할 때는 초속 20만 킬로미터가 된다.

**매질의 광학 밀도가 높을수록 그 매질에서의 광속은 느려진다.**

빛이 한 매질에서 다른 매질로 이동하는 경우 속도가 느려지는 것 외에도 또 하나 매우 중요한 현상이 발생한다. 빛의 방향이 바뀌는 것이다. 유리 표면에 수직한 가상의 선이 있다고 가정했을 때, 광선이 이 수직선에 대해 특정 각도로 유리 표면에 도달하면 유리를 통과하면서 광선은 다른 각도로 나아간다. 이 현상을 빛 굴절이라고 한다.

빛이 직진한다는 사실은 당연해 보인다. 하지만 여기서 유의할 점이 두 가지 있다. 빛은 투명하고 광학적으로 동일한 종류의 매질에서만 직진한다. 그 밖에도 중력의 영향을 고려해야 한다. 즉, 빛이 별이나 블랙홀같이 매우 질량이 큰 물체에 근접해서 지나가면 그 물체의 질량의 영향으로 공간 자체가 무시할 수 없을 만큼 뒤틀리며, 그에 따라 그 공간을 통과하는 빛의 경로는 구부러진다. 이러한 효과는 일반 상대성 이론으로 설명되는데, 오로지 우주의 규모에서만 나타나기 때문에 일상생활에서는 무시해도 된다.

입사각과 굴절각의 비율은 두 매질의 광학 밀도의 비율에 따라 달라진다. 즉, 두 매질의 광학 밀도 차가 클수록 경계면에서 광선은 더 크게 경로를 벗어나게 된다.

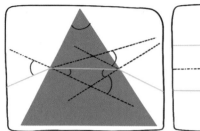 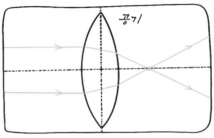

프리즘을 사용하면 빛의 굴절을 쉽게 관찰할 수 있다. 프리즘은 두꺼운 유리로 된 삼각기둥 형태다. 프리즘의 한 면에 레이저 포인터를 쏘아보면 직진하던 빛이 공기와 유리의 경계면을 통과하면서 꺾이게 된다. 만약 광원으로 단색인 레이저 대신 햇빛이나 백색 전구의 불빛을 이용하면 빛이 프리즘을 통과하면서 이 백색광이 무지개색으로 퍼져 나가는 모습을 볼 수 있다. 실제로 백색광은 파장의 길이가 다른 여러 파장의 빛으로 구성되는데, 각각의 빛은 서로 다른 각도로 굴절하므로 광선이 빨간색에서 보라색에 이르는 각각의 색상으로 분리되는 것이다.

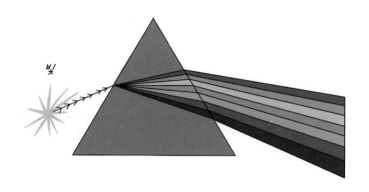

　다시 '신비의 섬'의 주인공들에게 돌아가 보자. 렌즈는 한 면이나 양면이 곡면으로 된 투명한 유리 조각이다. 공기 중의 빛은 렌즈의 유리를 통과해서 다시 공기 중으로 나아간다. 즉, 렌즈를 통과하면서 각 경계면에서 두 번의 굴절이 발생하는 것이다. 특히 볼록렌즈의 놀라운 성질은 모든 평행 광선이 한쪽 면으로 입사하면 이중 굴절의 결과로 렌즈의 다른 면을 통과한 후 한

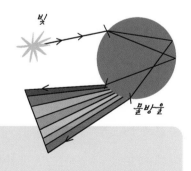

하늘의 무지개는 백색광 굴절 실험과 완전히 동일한 현상이다. 비 온 후 대기 중의 물방울이 프리즘의 역할을 했을 뿐이다.

점으로 수렴한다는 것이다. 이제 왜 시계 유리 두 장 사이에 물을 부어야만 했는지가 명확해진다. 만일 유리 사이에 공기가 남아있었다면 광학 밀도 면에서 차이가 없으므로 햇빛을 제대로 굴절시켜 한 점으로 모아 마른 풀에 불을 붙일 수 없었을 것이다.

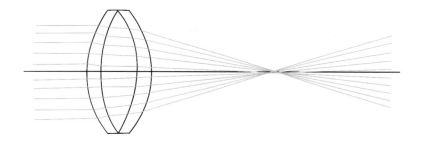

한편 유리면이 볼록하지 않고 오목한 종류의 렌즈도 있다. 이러한 형태의 렌즈는 모서리가 중심부보다 더 두껍다. 이를 오목 렌즈, 혹은 발산 렌즈라고 한다. 광선은 이 렌즈를 통과하며 퍼져 나간다. 그러나

위대한 과학자 뉴턴 본인은 과학 분야에 자신이 이룬 가장 큰 업적이 운동법칙이나 만유인력의 법칙이 아니라 기하 광학의 법칙을 발견한 것이라고 여겼다.

**159**

통과된 광선을 반대 방향으로 가상의 선으로 이어보면 광선은 렌즈 앞쪽에 집중되고, 그 위치에 소위 사물의 가상의 이미지가 형성된다.

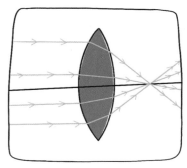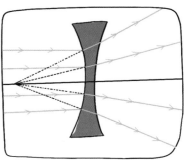

인류는 아주 오래전부터 렌즈를 사용했다. 렌즈로 불을 붙이는 방식은 고대 이집트와 그리스에 이미 알려져 있었다. 그러다가 15세기경 렌즈 표면을 효율적으로 연마하는 방법이 발견되면서부터 렌즈가 널리 사용되기 시작했다.

로마의 네로 황제는 특수하게 연마된 근시 교정용 에메랄드(이제 우리는 그 형태가 오목 렌즈였다는 사실을 이해한다)를 사용해 검투사 경기를 관람했다.

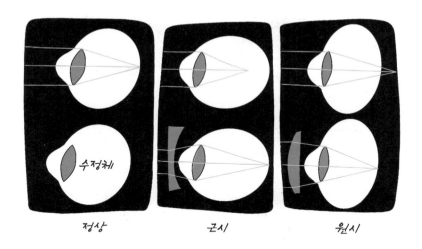

정상        근시        원시

초기에는 렌즈의 곡률을 눈대중으로 감별했으나, 곧 요하네스 케플러(Johannes Kepler), 크리스티안 하위헌스(Christiaan Huygens), 그리고 아이작 뉴턴과 같은 여러 과학자들이 정밀한 광학 기기를 고안하는 데 필요한 이론을 정립했다.

렌즈가 없는 우리의 일상은 상상할 수 없다. 우리 주변의 가장 흔한 광학 제품은 물론 안경이다. 게다가 인간의 눈에도 수정체라 불리는 렌즈가 있다. 수정체는 감광 세포로 덮인 안구의 기저에 물체의 상이 맺히게 한다. 그 부분에서 빛이 전기 자극으로 변환되어 뇌로 들어가면 우리가 보는 현실이 형성되는 것이다. 우리 눈의 렌즈만으로 빛을 집중시킬 수 없게 되면 추가적인 렌즈, 즉 안경을 보조 렌즈로 사용한

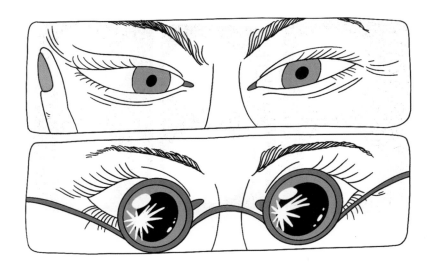

다. 먼 거리의 사물의 이미지에 또렷하게 초점을 맞추지 못하는 근시의 경우 발산(오목) 렌즈를 사용하며, 원시의 경우에는 수렴(볼록) 렌즈를 사용한다.

망원경, 현미경, 카메라, 돋보기 같은 것들은 모두 광학 기기로, 우리는 이러한 도구가 없는 세상을 상상하기 어렵다. 그런데 잘 알려지지 않은 광학 현상이 또 하나 있다. 레이저 포인터로 레이저를 유리 프리즘에 쏘아보면, 일부는 굴절되어 반대편으로 빠져나가며 일부는 공기와 유리의 경계면에서 반사된다. 이때 광원, 즉 포인터를 조금씩 기울여보면 빛이 반사되는 비율이 증가하고 굴절되는 빛이 점차 줄어들 것이다. 그러다가 어느 순간 굴절된 빛은 유리를 빠져나올 수 없게 되고 표면에서 완전히 반사되어 프리즘 내부로 되돌아갈 것이다. 즉, 프리즘은 그 표면이 전혀 거울 같지 않으면서도 거울처럼 작동하게 된다. 이 현상을 전반사라고 한다.

전반사 효과가 활용된 가장 중요한 사례는 광섬유다. 광섬유는 가느다란 튜브 내부를 투명한 물질로 채워 입사된 광선이 전반사 효과로 인해 튜브 밖으로 빠져나가지 못하고 섬유 내부를 관통하는 방식이다. 광섬유는 구부러지는 성질 덕분에 의학 분야에서 널리 쓰인다. 예컨대 비디오카메

공기
유리
굴절된 광선
부분 반사

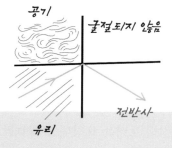

공기
유리
굴절되지 않음
전반사

우리는 자동차 헤드라이트 불빛이 도로 표지판을 비출 때 전반사를 관측할 수 있다. 바로 표지판이 빛나는 경우다. 실제로 도로 표지판이나 도로 작업복에 부착된 띠는 작고 투명한 피라미드 무늬로 덮여 있어서, 각 무늬가 전반사를 일으킨다. 그리고 다 같이 거울처럼 작용한다.

라를 연결해서 환자 몸의 내부를 관찰하는 내시경 카메라가 있다. 광
섬유 케이블은 정보를 전송하는 데에도 사용된다. 오늘날의 인터넷
이나 모든 일반적인 통신 시스템은 광섬유가 없이는 불가능하다. 구
리 케이블로부터 전달된 정보는 전기 신호로 코딩되어 특수 변환기
를 통해 광섬유 내의 광파로 변환된다. 그리고 출력 단계에서 정보는
다시 컴퓨터가 이해할 수 있는 전기 신호로 변환되는 것이다. 이 모든
과정의 토대는 요하네스 케플러가 1600년에 발견한 광학 효과다.

## 도플러 효과 : 구급차와 팽창하는 우주

번개가 치는 날은 물리학 실험을 하기에 딱 좋다. 가령 번개가 친 후 천둥소리가 들릴 때까지의 시간을 측정해 보자. 그러면 광속과 음속 간의 차이를 알아낼 수 있다.

물리학적 관점에서 봤을 때, 소리는 공기 또는 다른 매질의 밀도가 우리의 청각

소리의 파동(음파)은 다른 파동과 마찬가지로 반사되거나 서로 중첩되어 상쇄 또는 보강될 수 있다. 콘서트홀을 설계하거나 악기를 제작할 때는 이 점을 알아두는 것이 중요하다. 하지만 그렇다고는 해도 사람들은 보통 악기가 내는 소리 자체의 측정값보다는 자신의 귀와 경험에 더 의존한다. 왜냐하면 소리나 특히 음악을 인식하는 경우 주로 물리학보다는 생리학과 심리학에 더 좌우되는 경향이 있기 때문이다.

기관에 영향을 주며 발생하는 진동이다. 소리는 초속 약 340미터의 속도로 퍼져 나간다. 번개가 발생한 지점으로부터의 거리를 계산하려면, 우리는 번개의 섬광이 번쩍인 시점부터 천둥소리가 들리는 시점까지 걸리는 시간을 측정해야 한다. 이 실험에서는 빛이 순간적으로 전파된다고 가정하면 된다.

소리는 공기뿐만 아니라 매질이 액체 종류나 심지어 고체인 경우에도 전파된다. 예를 들어 물속에서는 공기 중에서보다 음속이 네 배 빠르고 파동은 더욱 멀리 퍼져 나간다. 고래는 수천 킬로미터 떨어진 지점에서도 서로 의사소통할 수 있고, 옛 선조들은 적들이 지평선에 모습을 드러내기 훨씬 전부터 땅에 귀를 대고 진동을 감지해서 그들이 접근해오는 것을 알 수 있었다.

밤에 자려고 누웠을 때, 창밖에서 들려오는 구급차나 경찰차 사이렌이 밤의 정적을 깨뜨리곤 한다. 사이렌 소리를 들어보면, 구급차가 가까이 다가올 때가 멀어질 때보다 확실히 높은 음으로 들린다. 음파는 진동수가 커질수록, 즉 공기가 밀집된 부분과 희박한 부분 간의 간격(파장)이 좁아질수록 더 높은 음을 낸다.

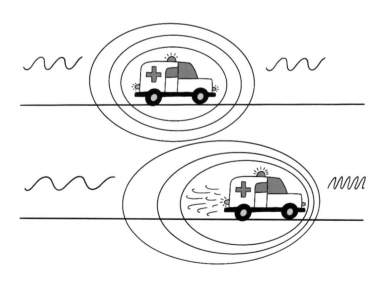

**크리스티안 도플러
(Christian Doppler, 1803~1853)**
오스트리아의 물리학자이자 수학자. 도플러는 석공 집안에서 태어났지만 어린 시절부터 수학에 뛰어난 재능을 보였고 그 덕에 제대로 된 교육을 받을 수 있었다. 그는 과학 분야에서 크게 성과를 거두지 못해 어려움을 겪었지만, 말년에는 학계의 인정을 받아 빈 대학교의 물리학 연구소 소장이 되었다. 그가 발견한 도플러 효과로 그의 이름은 후대에 영원히 남게 되었다. 오늘날 도플러 효과는 천문학에서 의학에 이르기까지 다방면으로 활용된다.

음원이 다가올 때 소리가 높아지고, 음원이 멀어질 때 낮아지는 현상은 오스트리아 과학자 크리스티안 도플러의 이름을 따서 '도플러 효과'라고 부른다.

음파는 공기 중에서 다소 느린 속도로 전파되므로, 구급차의 속도의 영향을 크게 받을 수 있다. 구급차가 다가오면 음파를 밀어내는 효과를 내어 파동이 약간 짧아진다. 따라서 더 높은 음이 나는 것이다. 반대로 구급차가 멀어지면 파동은 길게 늘어지고 소리는 더 낮아진다. 이 효과는 인간의 귀로도 충분히 감지할 수 있다.

도플러 효과는 음파뿐 아니라 광파에도 적용된다. 이 효과를 활용한 발견으로 말미암아 우주의 구조에 대한 인류의 관념이 완전히 뒤바뀔 수 있었다. 오랫동안 인류는 우주가 정지된 상태이며 별들은 고정된 위치에 존재한다고 믿었다. 그러나 20세기에 들어서면서, 미국의 과학자 에드윈 허블(훗날 그 유명한 천체 망원경에 그의 이름이 붙여졌다)은 머나먼 은하들로부터 오는 빛의 스펙트럼이 붉은색 쪽으로 치우친다는(알다시피 무지개색 중에서 붉은빛일수록 파장이 길고 푸른빛을 띨

특수한 장비를 사용하면 음파는 물론 움직이는 자동차로부터 반사되어 오는 전자기파의 파장의 차이도 측정할 수 있다. 도로에서 쓰이는 과속 탐지용 스피드건이 바로 이 원리를 이용했다.

수록 파장이 짧다) 사실을 발견했다. 즉, 은하로부터 오는 빛이 예상보다 더 긴 파장을 가지고 있었던 것이다. 이 발견은 해당 은하들이 빠른 속도로 우리에게서 멀어지고 있으며, 그에 따라 우리에게 전해지는 빛의 파동을 '늘어뜨리고' 있음을 의미한다.

하지만 여기서 끝이 아니다. 은하가 우리에게서 멀어질수록 적색

**에드윈 허블**
**(Edwin Hubble, 1889~1953)**
사람 이름이자 천체 망원경의 이름이다. 미국의 천문학자인 허블은 우주에 관한 인류의 이해 수준을 급속도로 진전시켰다. 그는 우리 은하 외에 다른 은하들도 존재한다는 사실을 증명했고, 이로써 우주는 인류가 그동안 생각했던 것보다 훨씬 더 광대하다는 사실이 명백해졌다. 특히 허블의 연구 가운데 가장 중요한 성과라면, 우주가 정지된 상태가 아님을 실험적으로 확증했다는 점이다. 우주는 태초의 대폭발(빅뱅)로부터 시작된 이후 계속해서 확장되고 있다. 지구 밖에 존재하는 최초의 우주 망원경에는 그의 이름이 붙여졌다.

편이라고 불리는 이 현상은 더욱 강하게 나타난다. 다시 말해, 지구로부터 멀리 떨어진 은하가 가까운 은하보다 더 빠른 속도로 멀어진다는 것이다. 이 의미는 우주는 정지된 상태가 아니라 계속해서 팽창하고 있다는 것이다. 과학자들은 이 사실과 또 다른 여러 증거를 토대로 우주는 단지 팽창하기만 하는 것이 아니라, 점점 더 빠른 속도로 팽창하고 있다는 결론을 내렸다.

자기장 :
우리는 어떻게 태양을 견딜 수 있을까?

인류의 역사를 근본적으로 뒤바꾼 과학적 발견들이 있다. 예를 들면 불을 다루는 법을 발견한 것이라든지, 증기 기관의 발명과 전자기파 발견, 항생제의 개발, 그리고 현대에 들어서는 반도체 디지털 혁명을 꼽을 수 있다. 이러한 많은 발견 중에서도 약 2400년 전 중국에서 발명된 나침반은 두말할 나위 없이 중요한 발견이다. 나침반 덕분에 항해 기술에 일대 혁신이 일어났고, 연안을 벗어나 더 넓은 바다로 진

출해서 미지의 대륙을 탐험할 수 있게 되었다.


　요즘에는 모든 스마트폰에 GPS 지도 앱이 있다 보니 나침반을 기억하는 사람이 드물다. 하지만 20년 전만 해도 나침반 없이는 야영이나 버섯 채취를 하러 나설 수도 없었다.

최초의 나침반은 작은 숟가락 형태로, 자연 상태에서 자성을 띠는 자철석으로 만들어졌다. 이것을 구리 받침 위에서 회전시키면 손잡이가 항상 북극을 가리켰다.

지금도 나침반을 가지고 다니면 유용할 때가 있다. 스마트폰은 배터리가 없으면 꺼질 수도 있고 신호가 잘 잡히지 않을 수도 있지만, 나침반은 남북극을 제외한 지구상 어디에서나 배터리 없이 쓸 수 있다.

인간이 나침반의 작동 원리를 이해하기까지는 오랜 세월이 걸렸다. 17세기 초, 영국의 과학자 윌리엄 길버트(William Gilbert, 1544~1603)는 지구 전체가 거대한 자석이라는 가설을 제시하고 실험으로 이 가설을 입증했다. 나침반의 자침도 자석이므로 남북 방향을 가리키게 되는 것이다. 따라서 나침반의 자침은 자기력선에 나란히 위치한다. 한 가지 중요한 사실은 나침반의 자침이 지리적 북극, 즉 북극성의 방향을 항상 정확하게 가리키지 않는다는 점이다. 다시 말해 자기장의 극 방향과 지리적 극 방향은 일치하지 않는다.

지구의 지리적 자전축은 가상의 개념으로, 실제로 관측하거나 직접 느낄 수 없다. 이 자전축은 지구가, 보다 정확하게는 울퉁불퉁한 형체의 지오이드(geoid)가 회전하는 직선축이다. 현재 이 축의 연장선상에는 북극성이 위치한다. 따라서 지구상 어디에서나 북극성을 바라보면 지리적 북극을 향하게 된다.

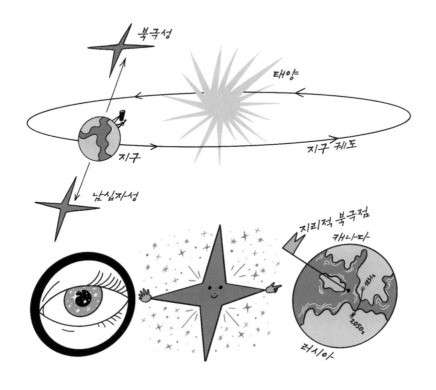

연구 결과 자기극의 위치는 지속해서 이동한다는 사실이 밝혀졌다. 특히 최근 몇 년간은 이동 속도가 크게 증가했다. 2000년 한 해 동안 자북의 위치는 15킬로미터 이동했지만, 2019년에는 55킬로미터나 이동했다. 항공 및 해상 항법 장치에는 고도로 정밀한 나침반이 사용되는데, 이러한 장치들이 정확하게 작동하도록 세계 각지에 위치한 관측소 네트워크를 이용해 극의 위치와 지구 자기장 지도를 지속적으로 모니터해서 항법 장치를 주기적으로 업데이트한다.

지질학적으로 고대 암석을 분석한 결과 남극과 북극의 극성이 서로 바뀌기도 한다는 사실이 입증되었다. 이를 지자기 역전이라고 한다. 지구가 탄생한 이래로 이 역전 현상은 수십 번 발생했지만 인류 출현 이후에는 한 번도 발생하지 않았다. 마지막으로 발생한 역전은 약 78만 년 전의 일이었고 고대 인류가 출현한 지는 고작 20만 년밖에 되지 않았다.

　　현재까지도 지구가 자성을 띠는 이유에 대해 과학자들 사이에 의견이 분분하다. 오늘날에는 지구의 중심에 액체 상태의 뜨거운 철 성분으로 된 핵이 존재한다고 본다. 이 핵 내부에는 펄펄 끓고 있는 수프 속처럼 액체의 흐름이 형성되고 지구의 자전으로 인해 그 흐름이 더욱 복잡하게 뒤얽힌다. 그러한 흐름으로 액체 내부에 마찰이 일어나 머리칼에 풍선을 문지를 때처럼 전하가 축적된다. 알다시피 전하

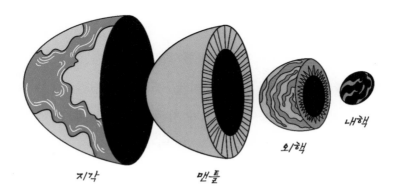

지각　　　　맨틀　　　　외핵　　내핵

우리가 지구 중심까지 파 내려가서 무슨 일이 일어나고 있는지 직접 볼 수는 없는 노릇이다. 과학자들은 수학적 모델을 만들고 간접적인 증거를 통해 그 모델이 정확한지 여부를 판단한다. 하지만 아직까지는 이러한 모델을 통해 지구 자기장의 강도 변화, 자기극 이동, 지자기 역전 현상을 설명하거나 예측하기가 충분치 않다.

가 움직이면 자기장이 생성되는데, 이것을 우리가 나침반을 통해 관찰하는 것이다.

지구 자기장이 영향을 미칠 만한 것이 나침반 외에 또 있을까 싶겠지만, 실제로 지구상의 모든 생명체의 존재가 자기장의 직접적인 영향을 받는다. 우리에게 태양은 열과 에너지의 공급원이기도 하지만, 그와 동시에 치명적인 수소-헬륨 플라즈마 입자를 엄청난 규모로 방출해서 초속 1,000킬로미터라는 무서운 속도로 지구를 향해 쏟아낸다. 다행히 지구 자기장이 거대한 방패처럼 작용해서 이 하전 입자들의 경로를 바꾸어 극지방에만 집중되도록 한다. 이것이 오로라라고 불리는 북극광과 남극광을 일으킨다. 만일 지구에 자기장이 없다면 태양풍의 방사능으로 지구상의 생명체는 전멸할 것이다. 지구가 거대한 자석이 아니었다면 애초에 생명체 자체가 출현하지 않았을지도 모른다.

오로라

자기장

comernou<br>temp

생명체가 지구에만 존재하는지 여부는 항상 인류의 큰 관심사였다. 우리는 우주 망원경을 통해 별과 그 주위를 공전하는 행성들까지도 연구할 수 있게 되었다. 과학자들은 행성에 생명체가 존재하는 데 충족되어야 할 기준을 정의했다. 이 기준에 따르면, 행성은 공전의 중심인 별에서부터 너무 멀어서도 안 되고(토성처럼 너무 추울 것이다), 너무 가까워서도 안 된다(수성처럼 물이 모두 증발해 버릴 것이다). 또한 주위에 대기층이 유지될 만큼 질량이 충분히 커야 하며, 대기 자체도 형성되어야 한다. 지구의 달처럼 위성이 가까이 존재해서 유성이나 소행성 무리가 행성을 비껴가도록 끌어당길 수 있어야 한다. 마지막으로, 치명적인 태양풍을 자체적으로 차단할 수 있는 자기장을 가져야 한다. 이렇듯 지적 생명체는커녕 어떠한 생명체라도 존재하려면 매우 많은 조건이 충족되어야만 한다. 현재까지 과학자들은 이 기준에 적합한 행성을 전혀 발견하지 못했고, 결국 인간에게는 지구를 대체할 만한 다른 집이 없다는 뜻이다. 그러므로 우리의 지구를 아끼고 보호해야 한다.

우린 널 정말 사랑해!

## 주머니 속의 상대성 이론

    오늘날 우리가 사용하는 모든 스마트폰은 현재 위치를 파악해 지도상에 표시할 수 있다. 이는 GPS(Global Positioning System) 또는 글로나스(Glonass, Global Navigation System, 러시아의 글로벌 위성 내비게이션 시스템-역주)와 같은 위성 시스템을 통해 이루어진다. 전 세계 어느 위치에서든 최소한 네 대의 위성이 가시권에 들게 해서 다섯 번째 위

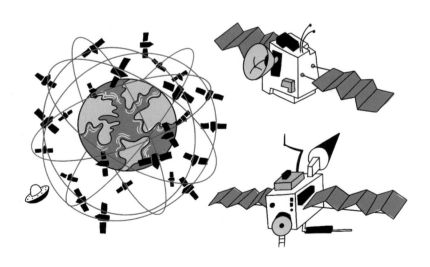

치, 즉 스마트폰의 위치를 탐지하는 방식이므로 지구에는 적어도 총 24대의 위성이 필요하다.

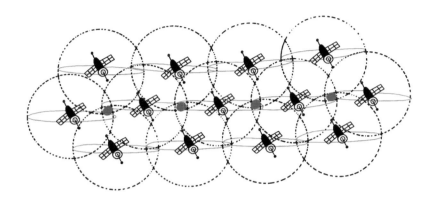

　GPS 위성은 지구로부터 약 2만 킬로미터 상공에서 시속 1만 4천 킬로미터의 속도로 운행하며, 하루에 지구 주위를 두 바퀴 돌게 된다. 각각의 위성에는 현재 시각을 10억분의 1초(나노초)까지 정확하게 측정할 수 있는 원자시계가 장착되어 스마트폰이 위성을 '볼 때마다' 신호를 받는다. 그러면 스마트폰은 실제 신호가 수신된 시각과 위성에서 발신된 시각의 차이를 확인한다. 예를 들어 위성이 신호를 발신한 시각이 00:00:00:01이고 스마트폰이 수신한 시각이 00:00:00:03이라면, 신호가 스마트폰에 도달하는 데 0.02초가 소요된 것이다. 빛의 속도를 알고 있으므로 스마트폰과 위성 사이의 거리를 계산할 수 있다.

계산 과정에는 간단한 기하학이 사용된다. 점 네 개의 위치와 그 점들로부터 다섯 번째 점까지의 거리를 정확히 알면, 이 다섯 번째 점의 위치를 파악하기는 어렵지 않다. 여기서 네 개의 점은 좌표가 알려진 위성이고 다섯 번째 점은 우리가 가진 스마트폰이다.

하지만 이 모든 계산 과정은 아인슈타인의 특수 상대성 이론과 일반 상대성 이론만 아니었어도 그대로 실행되었을 것이다.

특수 상대성 이론에 따르면, 정지 상태의 물체보다 빠르게 움직이는 물체의 시간이 더 느리게 흐른다.

전해지는 이야기에 따르면, 알버트 아인슈타인은 스위스의 베른에서 전차를 타고 가던 중 거리의 시계를 보면서, 만일 전차가 빛의 속도로 달리게 되면 전차 안의 모든 승객의 시계는 멈추고 시간이 존재하지 않을 것이라는 점을 깨달았다. 이러한 사고 실험을 통해 아인슈타인은 상대성 이론의 주요 가설 중 하나를 다음과 같이 제시했다. 거리나 시간 같은 기본량을 비롯한 물리학적 사건이나 현상의 묘사는 관찰자가 속한 기준틀에 따라 달라진다.

시속 1만 4천 킬로미터라는 속도와 나노초 단위의 시간 측정을 감안하면 상대성 이론에 따른 효과를 무시할 수 없다. 실제로도 위성의 시계는 지구의 시계보다 느리게 움직인다.

위성 내의 시계는 하루에 약 7마이크로초(백만분의 1초)씩 지연된다. 정밀한 계산이 필요한 위성의 임무에 이 정도의 시차는 상당히 큰 영향을 주므로 엔지니어들은 별도로 시간을 조정해서 지연값을 보정해야 한다.

게다가 여기서 끝이 아니다. 지구의 질량이 엄청나기 때문이다.

일반 상대성 이론에 따르면, 질량이 큰 물체는 시공간을 휘어지게 만들기 때문에 질량이 큰 물체에 가까울수록 시간은 더 느리게 흐른다.

그 결과 지구의 시계가 위성의 시계보다 느리게 움직인다. 이 시간 지연은 위성의 속도에 따른 지연보다 훨씬 큰 수준으로, 매일 발생하

상대성 이론이 처음 등장했을 때 열띤 논쟁이 벌어졌다. 이 이론을 비판하는 과학자들은 실험적 증거를 요구했다. 이론이 실증된 후에도 모두를 설득하지는 못했다. 현재까지도 여전히 에테르 역학이라는 대안 이론을 정립하려는 과학자들이 존재한다. 그러나 과학자가 아닌 엔지니어 입장에서는 수십억 개의 전자기기에 작동되는 시스템을 구축하는 것만큼 좋은 증명 방법이 없다. 과학의 진정한 쾌거라 하겠다.

는 시차는 약 45마이크로초에 달한다. 따라서 오히려 시계를 반대로 보정해야 하는 것이다.

이러한 시차 보정 없이는 전체 내비게이션 시스템이 심각한 오류를 일으키게 될 것이고, 상대성 이론에 따른 시각의 불일치 현상에 따라 시간이 지나면서 오류가 점점 더 커지게 된다. 따라서 오류를 방지하기 위해 위성의 시계를 느리게 조정해서 스마트폰 및 내비게이션 기기 내의 GPS 칩에는 보정된 데이터가 입력된다.

## 양자 물리학 : 만능 레이저

20세기에 들어서면서, 과학자들은 전자기 복사의 에너지는 양자 (quantum)라고 불리는 소량으로만 전달된다는 사실을 깨달았다. 이 발견은 미시 세계, 즉 원자 및 원자보다 더 작은 아원자 입자의 세계가 어떻게 구성되는지에 대한 우리의 개념을 완전히 뒤바꾸어 놓았다.

크기와 거리가 수십억분의 1 혹은 1조분의 1미터만큼 미세한 단위로 측정되는 경우, 일반적인 미터와

광자의 에너지는 파동의 진동수에 따라 달라진다. 진동수가 클수록(고주파) 더 많은 에너지를 전달한다. 따라서 푸른빛을 전달하는 광자가 붉은빛의 광자보다 더 높은 에너지를 갖는다.

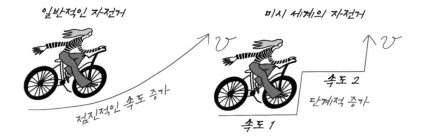

일반적인 자전거
점진적인 속도 증가

미시 세계의 자전거
속도 2
단계적 증가
속도 1

킬로미터 단위의 세계에 비해 모든 것이 완전히 다르게 작동한다는 사실이 밝혀졌다. 가령 누구나 알다시피 자전거를 탈 때 우리는 서서히 속도를 높일 수 있다. 그러면 자전거의 에너지도 속도의 제곱에 비례해서 서서히 증가할 것이다. 그러나 미시 세계의 차원에서는 그런 식의 계산이 적용되지 않는다. 우리는 입자에 에너지를 엄밀히 정의된 분량씩만 더할 수 있다. 그 이상도 그 이하도 허용되지 않는다. 만일 자전거가 전자라면 다음과 같은 현상이 나타날 것이다. 자전거 페달을 밟으며 특정 속도로 나아가다가 페달을 더 빠르게 밟는다. 그러나 자전거는 더 빠르게 달리지 않는다. 페달을 더욱 빠르게 밟아 본다. 속도는 여전히 변함이 없다. 그러다가 어느 순간 갑자기 자전거의 속도가 급등한다. 예를 들어 우리가 시속 10킬로미터로 달리고 있다가 갑자기 시속 20킬로미터가 되는 식이다. 그리고 시속 13킬로미터나 15킬로미터의 속도로 달리는 것은 불가능하다.

이러한 현상이 원자의 경우 어떻게 보이는지 알아보자. 여러 색의 광선이 원자를 향한다. 기억하겠지만 빛은 파동이자 입자의 흐름으로 간주되며 이 입자를 광자 혹은 광양자라고 한다. 대부분의 광자는 원자와 충돌하는데, 이때 특이한 현상은 발생하지 않는다. 다만 광자는 충돌하면서 원자를 약간 흔들고 방향을 살짝 틀어 계속 나아간다. 그러나 일부 광자는 원자와 상호 작용을 하면서 원자 내로 흡수된다. 실험에 따르면, 엄밀히 특정된 색상을 가진, 즉 특정 진동수를 가진 광자들만 원자에 흡수된다.

광자가 가진 에너지는 어디로 가는 것일까? 에너지 보존의 법칙에 따르면 에너지는 단순히 사라져 버릴 수 없다. 광자 에너지는 형태를

원자의 들뜬상태와 바닥상태는 전자의 위치에 따라 달라진다. 전자들은 핵 주위를 무작위로 돌지 않고 오직 오비탈이라고 불리는 엄밀히 정의된 위치에만 존재할 수 있다. 오비탈이 원자핵에서 멀수록 전자가 갖는 에너지는 더 크다. 원자가 바닥상태인 경우 모든 전자는 하위 오비탈부터 순서대로 자리 잡게 된다. 들뜬상태의 원자에서는 일부 전자가 상위 오비탈로 이동해서, 그에 따라 원자의 전체 에너지가 증가한다.

바꾸어 원자의 들뜸 에너지로 변환된다. 그리고 그러한 원자의 상태를 들뜬상태라고 부른다. 원자의 총 에너지는 더 높은 단계(준위)로 도약한다.

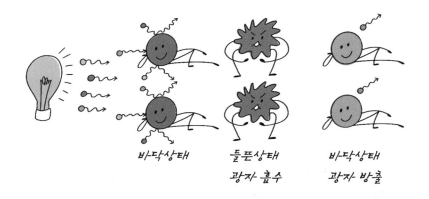

바닥상태     들뜬상태     바닥상태

광자 흡수     광자 방출

이후 원자는 에너지를 방출하면서 다시 바닥상태로 돌아갈 수 있으며, 이때 방출된 에너지는 다시 광자의 형태로 변환된다. 원자는 여러 준위의 들뜬 상태를 가질 수 있다. 그중에는 빈번히 발생하는 준위도 있고 덜 발생하는 준위도 있다. 원자들이 동일한 준위에 있는 경우, 원자가 다시 바닥상태로 되돌아가면서 생성된 모든 광자는 바닥상태와 들뜬상태의 에너지 준위의 차이와 동일한 에너지를 보유할 것이다. 그렇게 생성된 광자는 단색광으로, 다시 말해 단일한 색상의 빛이 생성된다. 광자 에너지가 높을수록 진동수가 증가하고 생성되는 빛의 파장은 짧아진다. 무지개에서 푸른빛을 띨수록 더 파장이 짧고, 붉은빛일수록 더 긴 파장을 가진다는 점을 상기해 보자.

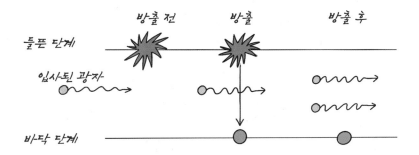

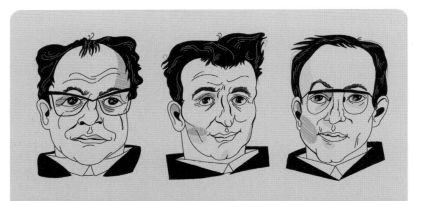

지난 백 년간 과학 연구 과정이 대단히 복잡해져서 더 이상은 단독으로 중요한 발견을 거의 해낼 수 없게 되었다. 모든 분야에서 미약하게나마 한 단계라도 성과를 내는 것은 여러 과학자들의 공동 연구의 결과였고, 때로는 세계 각지의 과학자들이 대거 모여들어 연구를 진행한다. 1964년에 레이저의 발명으로 세 명의 물리학자, 소련의 **니콜라이 바소프**(Nikolai Basov, 1922~2001), **알렉산드르 프로호로프**(Aleksandr Prokhorov, 1916~2002), 미국의 **찰스 타운스**(Charles Townes, 1915~2015)가 노벨 물리학상을 공동 수상하기도 했다.

이 현상은 꽤 관찰하기 쉽다. 소금을 조금 집어서 촛불에 뿌려보자. 불꽃이 노란색으로 바뀔 것이다. 그 색은 노란빛의 가로등 불빛과 정확히 동일한 색이다. 이 노란빛은 소금에 함유된 나트륨 이온에서 방출된 광자에서 나온다. 가로등에도 나트륨 화합물이 채워져 있다.

불꽃놀이에서 볼 수 있는 다채로운 색상 역시 각각의 연소물질에 함유된 금속원소에 따른 것이다.

각 성분의 고유한 성질에 따라 오직 특정 에너지를 가진 광자만을 흡수하고 방출하게 되므로 방출하는 빛의 색상은 각 성분에 대해 일종의 '지문' 역할을 한다. 이를 스펙트럼이라고 한다. 빛스펙트럼 덕분에 우리는 태양과 별들이 방출하는 광자의 색상을 살펴보는 것만으로도 그 구성 물질이 정확히 어떠한 성분인지 알 수 있다.

그런데 만일 우리가 더 많은 원자를 바닥상태에서 상위 에너지 준위로 끌어올린 다음 다시 상위 준위에서 한꺼번에 하위로 끌어내릴 수 있다면, 우리는 강력하고 매우 집중적인 단색광을 얻을 수 있을 것이다.

그러나 어떻게 원자의 상태를 끌어내릴까? 상위 준위에서 하위 준위로 이동하는 자발천이(spontaneous transition)로부터 방출된 한 개의 광자만 있으면 충분히 가능하다. 들뜬상태에서의 전자는 불안정하기 때문에 자연적으로 낮은 에너지 준위로 되돌아오려는 성질이 있다. 이를 자발천이라고 하며 이 과정에서 광자가 방출된다. 자발천이는 반드시 발생한다. 방출된 광자가 첫 번째 원자와 충돌하면 원자 내부에 다시 천이가 발생하면서 또 다른 광자가 방출된다. 그러면 광자가 두 개가 된다. 두 광자는 다시 원자들과 충돌하면서 네 개로 늘어난다. 이러한 방식으로 광자의 방출이 거듭되면 무수히 많은 광자가 한꺼번에 방출되어 우리가 원하는 강력한 빛이 생성되는 것이다.

　실제로 20세기 중반 무렵, 연속적으로 빛을 발하는 레이저 시스템을 제작하는 데 필요한 물질들을 찾아냈다. 첫 번째로 사용한 물질은 루비였다. 루비는 산화알루미늄에 소량의 크롬이 첨가된 물질이다. 레이저 펌핑 램프로 강력한 빛을 루비에 쏘면, 우선 크롬 원자 내부의 전자들이 상위 에너지 준위로 여러 단계 뛰어올라 약간 낮은 준위에 한데 모인다. 이 준위는 굉장히 안정된 성질을 지닌다. 원자들은 곧바로 에너지 준위가 낮아지지 않고 그 상태로 머무를 수 있다. 우리에게 필요한 것이 바로 이 상태다. 이제 하나의 자유 광자만 있으면 광자가 한꺼번에 엄청나게 쏟아지도록 할 수 있는 것이다. 그리고 펌핑 램프가 지속적으로 작동하면서 더욱더 많은 원자의 에너지 준위를 끌어

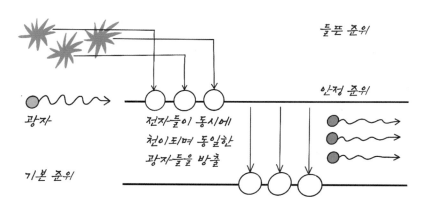

올리면 순간적으로(약 1,000분의 1초) 안정 상태로 머물렀다가 전자가 한꺼번에 아래로 천이된다.

레이저는 좁은 영역에 엄청난 힘을 집중시킬 수 있다. 레이저는 금속 용접에 사용되는데, 그뿐만이 아니다. 가령, 안과 수술에서 레이저를 이용하면 망막을 안구에 말 그대로 붙일 수 있다. 레이저 프린터는 레이저로 잉크 방울을 태워서 종이에 부착하는 방식이다. 레이저는 극도로 미세한 구멍을 뚫거나 매우 정밀하게 재료를 잘라낼 수도 있다. 레이저 없이는 컴퓨터 기판을 제작할 수조차 없다. 물체의 표면에서 반사된 레이저 광선을 포착해서 분석하는 방법도 있는데, 이것이 상점 계산대에서 사용하는 바코드 리더기의 원리다. 레이저가 없다면 우리는 인터넷도

빛은 압력을 가할 수도 있다. 오늘날의 과학자들은 솔라 세일(solar sail)을 장착한 소형 우주선을 발사해서 지구로부터 레이저를 쏘아 올리는 프로젝트를 진지하게 고려하고 있다. 우주선에 레이저를 쏘면 빛의 압력으로 우주선이 거의 광속에 가깝게 가속된다는 것이다. 그러한 우주선이라면 가장 가까운 별에 도달하는 데 4년이면 될 것이다.

사용할 수 없다. 왜냐하면 광섬유 케이블을 통해 정보를 전달할 때도 레이저를 이용해 0과 1에 해당하는 광 펄스를 전송하기 때문이다. 마지막으로, 우주의 힘의 균형을 유지시켜주는 제다이의 레이저 광선 검도 잊지 말자. 포스가 우리와 함께하기를!

## 반도체 : 숫자는 어디에 살고 있을까?

전깃줄을 살펴보면 항상 세 부분으로 구성된다. 전선, 전신주 그리고 전선과 전신주가 연결되는 부분에는 접시 더미같이 생긴 이상한 물체가 매달려 있다. 이 물체는 애자 혹은 똥판지라고 불리는 절연체다. 절연체는 전선을 타고 흐르는 전류가 전신주를 통과해 땅속으로

흘러 들어가지 않도록 막아주는 역할을 한다. 전선은 주로 구리나 알루미늄과 같은 전도율이 높은 금속 도체를 사용한다. 반면에 절연체는 사기 같은 저항이 높은 재질로, 전류가 전혀 통하지 않기 때문에 부도체라고도 한다. 그런데 도체와 부도체의 중간 성질을 띠는 제3의 물질이 있다. 이 물질의 성질은 그 이름에 직접적으로 드러난다. 바로 반도체다. 반도체의 전도율은 금속과 같은 도체에 비해 낮지만 그 성질을 활용하기에는 충분한 수준이다.

만일 우리가 금속 도체 내부를 들여다볼 수 있다면, 이온으로 이루어진 구조를 보게 될 것이다. 그리고 이온들 사이로 전자들이 전류를 운반하면서 자유롭게 움직이고 있을 것이다. 부도체의 내부를 들여다보면 모든 전자가 원자에 단단히 결속되어

인류의 역사는 석기시대, 청동기시대, 철기시대처럼 인류가 그 시대에 사용했던 도구의 이름에 따라 구분된다. 훗날 현대 문명의 유적이 고고학 박물관에 전시된다면 아마 이렇게 표기될 것이다. "21세기 – 반도체시대!"

있다. 자유 전자는 존재하지 않을뿐더러 전자를 원자로부터 떼어내는 데도 많은 에너지가 필요하다. 그러니 전류를 운반할 존재 자체가 없는 것이다. 반도체는 구조적 측면에서 부도체와 유사하지만 전자와 원자의 결속력은 그보다 약하다.

반도체에서는 매우 적은 양의 에너지만으로도 전자가 '소속된' 원자로부터 전자를 떼어내어 자유롭게 풀어놓을 수 있다. 그리고 반도체에 열까지 가하게 되면 자유 전자가 매우 많아져서 어느 정도 전류를 운반할 수 있게 된다.

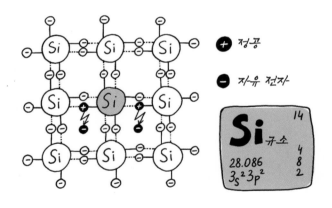

가장 널리 알려진 반도체는 규소(Si)로, 지각의 구성 원소 중 산소 다음으로 풍부하게 존재하는 물질이다. 어디서나 볼 수 있는 일반적인 모래는 거의 순수한 산화규소다. 규소 원자는 이웃 원자와 네 개의 화학결합을 가지며, 각 결합은 한 쌍의 전자로 이루어진다. 만일 결합된 전자 중 하나가 빠져나와 자유 전자가 되면 해당 전자가 있던 자리는 빈 공간이 된다. 과학자들은 이를 '정공(hole)'이라고 부른다. 이때 이웃한 다른 결합으로부터 전자가 건너와서 이 정공을 채울 수 있는데, 그러면 또 다른 정공이 발생한다. 이 현상은 마치 전자가 한 방향으로 건너뛰며 움직이고 정공은 그와 반대 방향으로 움직이는 것 같이 보인다.

네 개가 아닌 다섯 개의 결합을 하는 원소, 가령 인(P)을 규소에 약간 첨가한다면, 인은 이웃한 규소 원자들과 결합하기 위해 네 개의 전자를 내놓지만 다섯 번째 전자는 결합할

반도체의 성질을 띠는 물질은 많다. 주기율표에서 규소의 주변에 위치한 셀레늄(Se), 게르마늄(Ge), 비소(As), 텔루륨(Te) 역시 반도체 원소다. 그리고 갈륨비소나 황산구리와 같은 수없이 많은 종류의 반도체 화합물이 있다. 반도체의 응용 분야가 매우 많기 때문에, 각 분야마다 서로 다른 물질을 택한다.

대상이 없게 된다. 다섯 번째 전자는 즉시 자유 전자가 되어 전류를 운반할 수 있게 된다. 계산에 따르면, 이렇게 불순물을 미시적인 수준으로 첨가하면 전도율이 수백 배 증대된다. 그렇다면 같은 방식으로 정공을 추가할 수도 있을까? 다섯 개가 아닌 세 개의 결합을 가진 불순물이라면 가능하다. 예를 들어 알루미늄은 이웃 원자들과 3개의 결합을 이루지만, 네 번째 결합이 일어나기에는 전자가 하나 부족하다. 그 결과 불완전한 결합이 형성되어 한 쌍의 결합은 두 전자 중 하나만 채워지고 남은 공간에 정공이 형성된다.

컴퓨터의 발명에는 두 과학자의 이름이 등장한다. 바로 **존 폰 노이만(John von Neumann, 1903~1957)**과 **앨런 튜링(Alan Turing, 1912 ~1954)**이다. 이들은 비극적인 세계대전의 한가운데에 있었다. 두 사람 모두 군사 개발을 목적으로 하는 연구에 활발하게 참여했다. 폰 노이만은 미국 정부의 핵폭탄 개발 당시 주요 자문 중 한 명이었고, 튜링은 독일군의 암호를 해독하는 데 참여했다. 튜링의 활약 덕분에 수천명이 목숨을 구했지만, 전쟁이 끝난 후 그는 동성애 문제로 재판을 받았고 독이 든 사과를 베어 물고 자살하고 말았다. 애플의 한 입 베어 문 사과 로고는 위대한 인간조차도 잘못된 오해로 얼마나 고통받을 수 있는지를 되새겨준다.

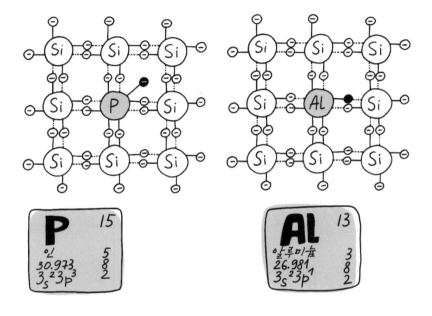

이렇게 우리는 전자가 초과된 반도체와 정공이 초과된 반도체를 각각 얻게 된다. 이들을 각각 N형 반도체와 P형 반도체라고 하며, 두 형태 모두 전도율이 좋다. 이때 두 형태의 반도체를 연결한 구조에 전류를 통과시키면, 전류가 한 방향으로만 흐르게 된다. 두 반도체의 경계에 전류가 한 방향으로만 흐르게 하는 일종의 전기적 밸브가 형성되기 때문이다.

그리고 P형 반도체를 얇은 N형 반도체로 분할한 구조를 만들면, 트랜지스터라고 불리는 전기적 수도꼭지를 얻게 된다. 트랜지스터는 세면대의 수도꼭지처럼 작동한다. 우리가 수도꼭지로 세찬 물줄기를 쉽게 틀었다 잠갔다 할 수 있는 것처럼, 트랜지스터의 경우에는 구조의 경계 영역(베이스)에 약한 전류를 흘려서 고용량의 전류를 차단 및 연결할 수 있다.

트랜지스터는 전류가 흐르거나 흐르지 않는 두 가지 상태를 가진다. '전류가 흐르지 않는 상태'를 숫자 0으로, '전류가 흐르는 상태'를 숫자 1로 설정하면, 가장 간단한 논리 연산을 수행할 수 있는 트랜지스터의 집합체를 만들 수 있다. 그리고 이러한 방식으로 여러 트랜지스터를 보다 복잡하게 조합하면 덧셈, 뺄셈 및 수치 비교가 가능한 트랜지스터 집합체를 얻게 된다. 작은 크기의 구조에 더 많은 수의 트랜지스터를 집어넣어 적절한 회로에 연결하면, 이것이 바로 모든 컴퓨터와 스마트폰의 심장부 역할을 하는 프로세서다. 사실 프로세서는 단결정 실리콘 위에 수십억 개의 트랜지스터와 엄청나게 복잡한 회로를 연결시킨 장치다.

우리 주변의 디지털 세계는 모두 반도체 트랜지스터를 물리적 기반으로 한다. 이러한 반도체 제조 기술은 굉장히 복잡하고 비용이 많이 든다. 한 국가나 대기업조차 다양한 기술 협력 및 막대한 재정 투자 없이는 프로세서 제조 설비를 온전히 독자적으로 세우기 어렵다.

엔지니어들은 더 작고, 동시에 더욱 강력한 성능을 가진 프로세서를 개발하기 위해 트랜지스터의 크기를 줄이는 방법을 끊임없이 모색하고 있다. 오늘날의 트랜지스터의 크기는 7나노미터나 심지어 5나노미터,

왜 자꾸만 더 강력한 프로세서가 필요할까? 정확한 날씨를 예측해야 하고, 새로운 의약품과 소재를 개발해야 하고, 우주로 날아가야 하고, 그리고 당연히 최신 동영상을 보다가 중간에 끊어지지 않아야 하기 때문이다.

즉, 10억분의 1미터 수준으로 거의 원자의 크기에 가까워지고 있다. 그 정도의 크기에서는 양자 세계의 법칙이 적용되기 시작하므로, 이제 전자기기 개발의 다음 단계는 양자 프로세서다. 양자 프로세서는 현재의 프로세서에 비해 월등한 성능을 가질 것으로 예상된다.

# 마치며

20세기 초반만 하더라도 사람들은 과학과 기술의 진보를 통해 마침내 인류에게 당면한 많은 과제를 정복해 냈다고 여겼다. 철도, 자동차, 전기, 전신, 전화의 도입은 모두에게 장밋빛 미래를 약속했고 과학기술로 무엇이든 이룰 수 있을 것만 같았다. 그러나 1차 세계대전이 발발한 데 이어 혁명과 경제 위기가 터지고 스페인 독감과 같은 유행병을 겪으면서 예전의 낙관론은 흔적도 없이 자취를 감추었다.

과학 분야 자체에서도 근본적인 변화가 일어났다. 뉴턴과 갈릴레이로부터 이어져 오던 세계관은 분명히 한계에 이르렀으며, 우주는 그보다 훨씬 더 복잡하다는 사실이 명확해졌다. 곧 양자 물리학과 상대성 이론이 등장하면서 이 세계에 관한 과학자들의 관념을 완전히 뒤엎어버렸다. 새로운 물리학으로 우리는 미시 세계의 심연 및 우주의 머나먼 시공간 영역을 들여다볼 수 있게 되었다. 세상의 모든 상호작용을 설명할 수 있는 물리학의 대통합 이론에 인류는 한 걸음 더 가까워졌다. 지난 한 세기 동안 우리는 어떤 공상 과학 소설가도 미처 예견하지 못한 기술 발전을 이루었다.

하지만 과학은 그 구조상 최종적이고 반박 불가능한 대상이 아니며 그렇게 될 수도 없다. 과학 연구를 할 때는 어떠한 가설이나 주장에 대해서도 의문을 제기하고 증명할 수 있어야만 한다.

이것이야말로 과학의 강점으로, 끊임없이 지식을 발전하게 하는 원동력이 되지만 동시에 과학이 지닌 약점이기도 하다. 이제는 뭔가를 실험적으로 증명하기가 점점 더 복잡해지고 비용이 많이 들기 때문이다. 오늘날의 과학적 발견의 대다수는 다양한 국가와 연구소의 과학자들이 공동으로 이루어낸 결과물이며, 비용이 많이 드는 실험은 여러 국가로부터 동시에 재정 지원을 받기도 한다. 그래서 언젠가는 세금을 내는 시민들이 우주의 기원을 밝히는 것보다 더 시급하게 해결할 문제들이 있다고 목소리를 내면서 정부가 새로운 입자 가속기나 고가의 망원경 개발에 할당되는 자금을 중단하는 상황에 직면하게 될지도 모른다.

그렇다고 해도 인류가 존재하는 한 과학 발전이 중단된다거나 과학이 사라지지는 않을 것이다. 우리 인류는 보이지 않는 머나먼 영역을 탐색하려는 욕망과 호기심을 지닌 존재이기에 다른 생물 종과 구별되는 것이다. 그리고 자연이 우리에게 수수께끼를 던져줄 때마다 인류는 어떠한 장애물이나 어려움이 있더라도 이를 풀어내려 노력해

나갈 것이다.

 우리는 독자들이 이 책을 읽으며 이 세상이 어떻게 돌아가는지에 관해 호기심을 갖게 되기를 바란다. 그러한 호기심 없는 삶은 그저 지루할 뿐이기 때문이다.